動物記一

我眼中的野生動物

歐尼斯特・湯普森・塞頓 ◎著
（Ernest Thompson Seton）
徐進 ◎譯

晨星出版

目次

致讀者

這本書裡收錄的都是眞實的故事。雖然有些描述與歷史事實不是完全吻合，但是本書中這些動物都是眞實存在的。牠們就像我所描述的那樣生活著，甚至牠們所展現的要比我筆下描寫的還有英雄氣概和更富有個性。

我相信由於人類習慣以司空見慣的主觀方式對待自然界，所以已經損失了很多東西。如果將人類的習慣和風俗，用僅僅十頁左右的東西來概括的話，能讓人滿意嗎？如果對某個偉人濃墨重彩地進行一番描述，又會收到怎樣非同尋常的效果呢？這就是我在寫這篇文章時的想法。我要寫出牠們每個個體的眞實個性和牠們對於生活的理解，而不是從一種無動於衷、敵視的、人類慣有的眼光去看待其他物種。

我意圖將這些角色的某些部分拼湊在一起，看起來似乎沒什麼必要關

聯，但是這些零散的、關於本性的紀錄片段是非常必要的。而且，關於羅布、賓格和野駿馬麥斯塔的故事，我沒有做任何的虛構和歪曲。

羅布生活在克拉坡地區，從一八八九年到一八九四年，牠一直過著自由自在的野生生活，那裡的牧民們都記得牠，對牠的死亡時間比較精確的記述是一八九四年一月三十一日。

賓格是我的狗，生於一八八二年，死於一八八八年，儘管我曾因爲去紐約而離開了一段時間，但是我住在馬尼托巴的朋友們都還記得牠。我的一個老朋友養過一條叫「堤安」的狗，看了我的這篇文章後，他會明白堤安死掉的眞正原因。

十九世紀的早期，野駿馬麥斯塔住在離羅布很近的地方，儘管關於牠到底是怎麼死的還有爭論，可是牠確實是已經死了。根據某些證詞，牠是在第一次被帶到馬廄中時，扭斷了自己的脖子。牠是不可能乖乖被馴服，然後安靜地待在老火雞之路的馬廄裡度過餘生的。

烏里可以說是一隻混血狗，牠的父母都有柯利牧羊犬血統，牠也是被當做牧羊犬撫養長大的。但這只是一半的烏里，後來人們發現牠變成狡詐、殘忍的殺羊犬。和烏里很相似的還有一隻長期生活在雙重性格下的黃狗，牠白天是一隻溫順的牧羊犬，到了晚上卻變成一個陰險殘忍的魔鬼。這些事情並非我自己想像出來的，在開始寫這個故事後不久，我就聽說有另外一條雙重性格的牧羊犬，晚上會偷偷跑進鄰居家裡，以殺害別人的小狗做爲娛樂。牠殺了二十隻狗，還把牠們的屍體丟棄掩埋在沙坑裡，後來被牠的主人發現了。牠最後的結局就像烏里一樣，也被殺掉了。

紅領生活在多倫多北部的德昂山谷裡，我很多的夥伴都還記得牠，一八八九年，牠在蘇格勒夫和弗蘭克城堡途中被殺害。牠是被一個畜生殺死的，那個畜生的名字我不想提及，因爲他就是一個畜生，不是一個人。

銀點、瑞格和溫可心是在眞實的人物基礎上虛構出的。儘管我將牠們的冒險經歷說得有些誇大，但是關於牠們的每件事情都是源自於生活的。

這些故事都是眞實的，而這也是爲什麼牠們的命運都是悲劇的原因。大部分野生動物的最終結局都是以悲劇收場的。

以上的事實，只是想說明在上個世紀被稱爲道德的一種普通觀念。毫無疑問地，每個人都具有自己的道德觀，但是在這裡，我希望有些人可以發現像《聖經》中所強調的那種古老的道德觀——我們和動物是同源的。人類沒有的東西，動物也沒有；而動物沒有的，人類在某種程度上也沒有。

因此，動物是擁有欲望和感情的生物，只是在程度上與我們有差別，牠們也有牠們自己的權利。這個事實，現在才開始被白種人的世界所認知，但在兩千多年前就已經出現在佛教的教義中了。

歐尼斯特．湯普森．塞頓

（ERNEST THOMPSON SETON）

【故事一】

羅布　克拉坡之王

克拉坡是新墨西哥北部一個遼闊的牧場。那裡草場肥沃，延綿起伏，牛羊遍地，而且水源豐富，最後匯入克拉坡江，這個地方也因此而得名。但是統治這個地方的國王卻是一隻灰色的老狼。老羅布，或者就像墨西哥人稱呼牠的名字那樣——國王，是一群灰色狼群的卓越領袖，這個狼群多年以來一直破壞著克拉坡流域的安寧。所有的牧民都認識牠，無論牠和牠忠誠的夥伴們出現在何處，都會給那裡的牛群帶來極度的恐懼，而牠們的主人除了憤怒以外，就只能絕望了。

老羅布在狼群中非常的醒目，牠非常狡猾也非常強壯。在夜裡，牠的聲音非常與眾不同，你很容易就能將牠的聲音與牠其他同伴的區分開來。一匹普通的狼若在半夜時，出現在牧民帳篷的周圍，嚎叫幾聲，沒有什麼人會去理會，但是當這位老國王那深沉的咆哮聲從山谷中傳來時，聞者往往會聽聲色變，渾身上下打冷顫，似乎到早晨狼群又會有一次新的、猛烈的襲擊。

老羅布的隊伍其實只有小小的一群。直到現在我仍無法明白，如果一匹狼擁有了像牠一樣的地位和權勢的話，應該會吸引大量的追隨者的。可能牠就是喜歡數量少，也可能因爲牠殘暴的性格讓其他的狼不敢過於接近牠吧！尤其是在牠統治後期，羅布只剩下五個追隨者了。但是這些追隨者中的每一隻都是狼中的佼佼者，牠們大多體形高大，特別是其中的一隻——牠們的副指揮官，眞可謂是巨人了，儘管如此，牠的體形和威力還是遠遠落在牠們的領袖之後。除了兩個領袖之外，剩下的幾匹狼也非常出名。其中一隻非常漂亮的白狼，新墨西哥人叫牠布蘭卡；他們說牠是一匹母狼，可能是羅布的配偶。另外一隻是一匹黃色的狼，牠總是以迅雷不及掩耳之勢發動進攻，據說，牠可以隨心所欲的抓住一隻羚羊。

總之，對於牛仔和牧民們來說，這些狼眞的是遠近聞名了。在這個地區可以經常看到牠們出沒，還可以經常聽到關於牠們的傳說，牠們的生命和那些希望將牠們消滅的牧民們緊緊的聯繫在一起。在克拉坡地區，不止一個牧民想以多頭牛的懸賞來做爲捉拿羅布一夥的獎金，但是牠們似乎被神附體一般，從來沒有把那些捕殺牠們的工具放在眼裡。牠們嘲笑所有獵人，蔑視所有的毒藥，在後來至少五年的時間裡，繼續從克拉坡的牧民那裡掠奪牠們的供品，人們說，牠們幾乎每天都能搶走一頭牛。照這樣計算的話，這個狼群已經殺死了兩千多頭最好的牲畜了，因爲眾所周知，牠們每次行動都會選擇最好的下手。

有一種比較古老的觀點認爲，狼總是處於饑餓狀態，因此牠們也總是準備見什麼吃什麼，其實這種認知是不符合實際的。狼這種強盜其實非常狡猾、身體健壯，而且對食物也非常挑剔。那些因爲自然原因或因爲疾病感染而死亡的動物，牠們連碰也不會碰一下的，甚至對那些牧民們殺死的東西也不屑一顧。牠們選擇的日常食物是一歲左右的小母牛身上比較嫩的那部分

肉，牠們不喜歡老公牛或者老母牛。儘管牠們經常會捉小牛或小馬，但是事實證明，小牛肉或馬肉都不是牠們最喜歡的食物。牠們也不喜歡羊肉，儘管牠們總是拿捕殺羊做爲消遣。在一八九三年十一月的一個夜裡，布蘭卡和那匹黃色的狼殺死了兩百五十頭綿羊，而且非常明顯的，牠們就只是爲了好玩，因爲被殺死的那些羊，牠們連動都沒有動一口。

這只是我要講的那些故事中的一部分，我想告訴大家的是這個狼群的野蠻行徑。爲了消滅牠們，人們每年都會嘗試使用許多新的辦法，但是牠們仍活著，儘管牠們的敵人做了各式各樣的努力，牠們仍越活越有精神。懸賞羅布的頭的賞金越來越高，結果有人研製出各種各樣的毒藥，希望可以置牠於死地，但是牠總能一次又一次地逃脫。牠只害怕一種東西——就是火藥，而且牠知道這個地區所有的男人們總是槍不離手，但是在進攻或者面對人類的時候，牠從沒有讓人察覺到牠這個弱點。確實，在每次射擊的時候，牠的狼群

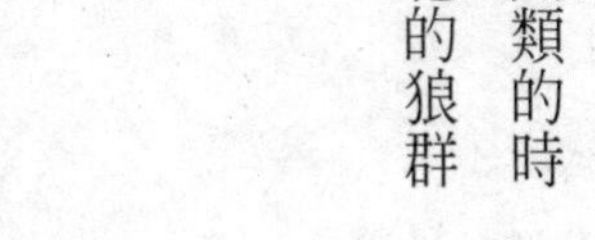

總是有策略的撤離，不論在什麼時間、多遠的距離。羅布的習慣是讓牠的狼群只吃牠們自己捕殺的動物，牠的嗅覺天生就很敏銳，能夠發現人類或者毒藥的氣味。

有一次，一個牛仔聽到老羅布非常熟悉的戰鬥口號，牠悄悄的靠近，發現這個狼群正在一個山谷裡，包圍著一群小的牛群。羅布倨傲地站在一個山峰上，而布蘭卡和其餘的狼正在攻擊一頭牠們選中的小母牛。但是牛群緊緊的靠在一起，將頭朝向外面，將角一致迎向牠們的敵人，決不屈服。這時有一些牛因爲狼群一次新的進攻而嚇呆了，牠們倉皇的想從隊伍中撤退。利用這些混亂，狼群成功的捕獲了那頭牠們選中的小母牛，但是牠決非失去了抵抗的能力，而羅布對牠的手下似乎已經失去了耐性，因爲牠離開了山丘上面的位置，發出了一聲低吼，向牛群衝了過去。在牠的進攻下，牛群整齊的排列被打亂了，就像投入了一顆炸彈一樣，牛群四散奔逃。被牠們看中的那頭小母牛也奔了出去，但是還跑不到二十五碼遠，羅布就追上了牠，咬住牠的脖子，牠使用出了全身所有的力量，將牠重重的扔在地上。這個力量可能非常強大，因爲小母牛被摔了一個倒仰，羅布也翻了一個跟斗。但是牠立刻又站了起來，牠的隨從們立刻撲向了那頭可憐的牛，在幾秒鐘之內，就結束了牠的生命。羅布沒有繼續參與——在撞翻了那個犧牲者以後，牠似乎在說：「爲什麼你們就不能這樣做，少浪費一點時間？」

這個人沒有出聲，等狼群像往常一樣離開後，他拿出一瓶士的寧毒藥，飛快撒在屍體的三個部位，然後離開了，他知道牠們一定會回來分享食物的，因爲這是牠們自己殺死的動物。但是到了第二天早晨，他並沒有看到他預料中的那些犧牲者，他發現儘管這些狼吃掉了小母牛，但是牠們瓜分得非常仔細，將已經撒上毒藥的部分扔在一邊。

如此一來，牧民們對羅布的恐懼與日俱增，懸賞牠的賞金也逐年增加，最後已經高達一千美金了。對獵捕一匹狼來說，這筆獎金可以說是獨一無二了；因爲有時候在捉拿一個人時，往往懸賞還沒有達到這個價錢時，就已經被緝捕歸案了。在這筆獎金的誘惑下，終於有一個名叫田納瑞的德克薩斯州護林員迫不及待地來到了克拉坡的山谷。他的裝備對於捕狼來說，可以說是非常精良的——最好的槍和馬匹，以及一群獵狼犬。在維吉尼亞州的草原上，他和他的狗已經殺死了許多狼，現在他也毫不懷疑，不出幾天，老羅布的賞金也會成爲他的囊中之物。

在某個夏天的早晨，天剛濛濛亮的時候，他們已經踏上了獵殺之路，狗兒們興奮地吐著舌頭，似乎在說他們已經發現了獵物的蹤跡。在兩英里以內，那群灰壓壓的隊伍就落在視野之內，這場追擊也變得更快更有意思了。這些獵狼犬的工作主要是堵住狼的去路，使牠們走投無路，等獵人趕到以後，射殺牠們，這個方法對地勢平坦、開闊的德克薩斯州來說是非常容易成

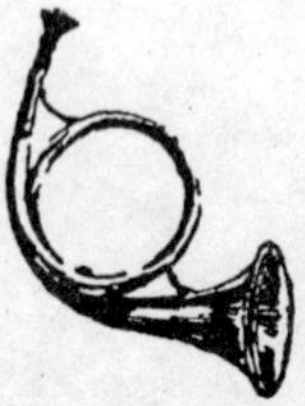

功的，但是這個地區的地形與平原不同，這也顯示出羅布在選擇牠的勢力範圍時是多麼的深謀遠慮。克拉坡地區地勢險要，而且河的支流使草原縱橫交錯，老狼可以在最近的地點快速發動進攻，然後除掉馬上的人。羅布的隊伍開始從四面進攻，狗兒們開始四散逃竄，當牠們在較遠的地方再次遇上的時候，狗群和狼群在數量上已經不再懸殊了，這時的狼群面對牠們的追擊者，開始大開殺戮。

到了晚上，田納瑞召集牠的狗時，回來的僅僅只有六隻，而且其中的兩隻還傷勢嚴重。這個獵人後來又嘗試了兩次，但是沒有一次能比第一次更成功，在最後一次，他的馬掉入懸崖摔死了，這使得他不得不放棄追擊，回到德克薩斯州去。而羅布比之前更加暴虐的統治著這個地區。

第二年又來了兩個獵人，他們決心要得到這筆獎金。他們兩個都堅信自己可以消滅這頭惡名昭彰的狼，第一個人研製了新型的毒藥，並用新方法進行。另一個人是個法籍加拿大人，他在使用毒藥的時候，還在上面加上咒語和魔法，因爲他認爲羅布是一個眞正的狼人，所以普通手段是殺不死牠的。但是再厲害的毒藥、法術和咒語，對羅布來說都毫無作用。牠依舊像從前一樣每週巡視牠的領土，每天都會大快朵頤一番。幾個星期過去了，獵人喬卡龍和拉克卡不得不絕望的放棄原來的計畫，到別的地方去打獵了。

一八九三年春天，喬卡龍在那次捕殺行動失敗之後，就有了以下這樣一段屈辱史，那匹狼似乎總是在展示牠是多麼藐視自己的敵人，同時也對自己充滿了信心。喬卡龍的牧場在克拉坡的一條小支流上，那裡風景如畫，群山環繞。在離這個房子不到一千碼的地方，老羅布和牠的愛人選擇在這裡安家了，在那個季節裡，牠們開始撫育牠們的後代。牠們在那裡度過了整個夏季，殺死了喬卡龍的牛、羊和狗，譏笑他的毒藥和陷阱，在懸崖上的一個大洞穴裡過著快樂的日子。儘管喬卡龍也曾經絞盡腦汁想出各種辦法，比如用

煙燻者用炸藥來除掉牠們，但是都徒勞無功。最後牠們毫髮未傷的安全離開了，依舊繼續著以前的行徑。

「那就是牠去年夏天生活過的地方，」喬卡龍指著對面的一個懸崖說：「我無能爲力，在牠看來我就像個傻子一樣。」

這些故事都是從那些牛仔口中收集來的，直到一八九三年的秋天，我才眞正的相信了這些傳說，我開始逐漸認識了這個狡猾的傢伙，到了後來，我甚至比任何人都要還瞭解牠。在許多年前，我和我的狗賓格在一起的那些日子裡，我是一個捕狼的獵人，但是後來我就從事了另外的職業，整天爬格子。我非常希望能變換生活方式，就在那個時候，我的一個朋友——他是克拉坡的牧場主人——邀請我來新墨西哥州，看我對這個掠奪成性的狼群有沒有辦法，我接受了邀請，其實我內心裡也非常想認識一下這個國王。因爲我想多瞭解一些這裡的環境，所以花了一些時間騎馬逛了逛。我的嚮導偶爾會停下來，指著一頭牛的殘骸說：「這就是牠的傑作。」

我現在比較清楚狀況了，要在這個地方捕殺羅布，使用獵狗和馬是沒用的，所以剩下的方法只有毒藥或者陷阱了。目前我們沒有特別大的陷阱，所以我決定使用毒藥。

其實我根本沒有必要想方設法的去設計各種裝置來捕獲這個狼人——我嘗試使用士的寧、砒霜、氰化物或者氰酸；我試著用肉做爲誘餌；但是一天又一天過去了，當我騎著馬一路前行的時候，我瞭解到了一個事實，那就是我所有的努力都毫無作用。對我來說，這個老國王太狡猾了。從一個簡單的例子就可以看出牠無以倫比的智慧了。我從一個老捕獸者那裡得到了一些想法，我將乳酪和一頭剛殺死的小母牛的腎脂攪拌在一起，開始燉煮，再用一把骨頭刀切開，以避免金屬鏽的氣味。等冷卻之後，將它們切成一塊一塊

的，在每塊的一側打一個洞，然後將士的寧、氰化物做成一個膠囊，這樣就不會散發毒藥氣味了，我把這個膠囊塞在小洞裡面，最後再用乳酪將這些洞封好。在整個製作過程中，我一直都帶著手套，當小母牛的血還是熱的時，我甚至連大氣都不敢吐一下。當一切準備妥當後，我把它們放在一個牛皮袋子裡，上面還抹上了血，在繩子末端栓上了牛肝和牛腎。我設計了一個十英里的路線，然後每隔一英里就放一個誘餌，在放置這些餌的時候，我還非常的小心，不用手去碰任何東西。

羅布在每個星期的頭幾天總是會在這個地區活動，人們猜測牠總是環繞著塞利昂．格蘭德河的河基散步。今天是星期一，同我們打算撤退的那個晚上一樣，我聽到了牠雄壯的低吼聲。一聽到牠的聲音，一個男孩就叫了起來——「是羅布，我們要看見牠了！」

第二天早晨，我興沖沖的去看結果，我很快就發現了這些強盜留下的痕跡，羅布在最前頭——牠的蹤跡比較好辨認。一匹普通的狼的前腳大約是四．五英寸長，一匹較大的狼大約是四．七五英寸長，但是羅布從腳爪到腳後跟卻有五．五英寸；我後來發現牠身體的其他部分也非常的勻稱，當牠站立的時候是三英尺高，體重爲一百五十英鎊。因此儘管牠的蹤跡經常和牠的部下混在一起，但還是不難追蹤的。這個狼群很快就發現了我佈置的這些東西的軌跡，牠們像往常一樣跟蹤而至。我似乎看到羅布來到了我的第一個誘餌跟前，然後嗅了嗅，最後還是撿了起來。

我幾乎無法掩藏我的喜悅之情了，「最後我還是抓到牠了，」我興奮的大叫：「我將在一英里之內發現牠的屍體。」我急忙的追蹤著留在塵土中的明顯蹤跡。來到了第二個誘餌前，我發現第二個也不見了。我多麼高興啊！——我確信我會找到牠的屍體，而且可能還有狼群中其他幾匹狼的屍體。在我留下誘餌的地方有非常明顯的爪印，我興奮異常，仔細的查看每一個地方，卻沒有看見任何狼的屍體。我鍥而不舍的進行跟蹤，發現第三個誘餌也不翼而飛，國王留下的痕跡是通向第四個，這時我才明白，其實牠一個誘餌也沒有吃，牠只是把它們叼在嘴裡帶走，將它們四塊堆放在一起，牠撒在上面的尿只是想告訴我，牠對我佈置的這個陷阱是多麼的輕蔑罷了。到這個時候，牠把我的誘餌丟在一邊，和牠的部下一起做牠們自己的事情去了。

這只是許多經歷中的一個，經歷過這些以後，我終於相信使用毒藥並不能消滅這個強盜了。儘管我有時候仍會在誘捕中使用到毒藥，但是我已經瞭解到，那只適用於平原地區罷了。

後來我又發現了一件足以顯示羅布魔鬼般狡猾天性的事情。儘管這些狼很少吃羊，但牠們總是以驚嚇和殘殺羊群來做爲消遣。這些綿羊總是過著群居生活，數量從一千到三千不等，由一個或者多個牧羊人看管。到了晚上，他們就會找一個最安全的地方紮營，牧羊人爲了安全起見，就睡在羊群的一側。綿羊是一種非常膽小的動物，只要一點點動靜就可以嚇到牠們，但是牠們的天性就是如此，可能就只有一隻羊的膽子比較大些，可以聽從牧羊人的命令。就因爲如此，牧羊人總會在綿羊當中放上一半山羊，因爲一般認爲山羊要比綿羊多一些智慧，當晚上突然有情況發生的時候，牠們可以將綿羊圍在中間，保護牠們。

但是情況也並非總是這樣。在十一月的一個深夜，兩個皮瑞可牧羊人被狼群的突襲給驚醒了。牠們的綿羊被山羊圍在中央，一點也不驚慌失措，靜靜的站在那裡，毫不畏懼的注視著敵人；但是牠們面對的並不是一般的狼群啊！老羅布就和牧羊人一樣，知道山羊是這個羊群的致命點，所以突然躍到了羊群的後方，對牠們的領頭羊發動突然的進攻，在幾分鐘之內就解決掉了對手，這些不幸的羊兒們馬上開始四散奔逃。幾個星期過去了，我幾乎每天都會遇到著急的牧羊人，他們總會問你一句，「你最近有看到迷路的綿羊

嗎？」而我總是回答：「是的，我看見過。」；有時則會說：「是的，我看見了五、六頭屍體。」；或者「我曾看見幾隻正在馬爾派臺地上奔跑。」；或者「沒有，我沒有看見，但是瓊美亞兩天前在克達蒙特看見了二十隻剛被殺死的羊。」

最後，捕狼器具終於運到了，同時到達的還有兩個人，我和他們一起工作了整整一周，研究如何佈置這些陷阱。我們不遺餘力的工作著，調整每一個設備，以確保行動最後能夠成功。陷阱裝好的第二天，我騎著馬觀察了一下情況，很快就發現羅布從一個陷阱走到另外一個陷阱所留下的痕跡。當看到牠留在地上的痕跡時，我終於明白了那個晚上發生的整個故事。牠在黑暗中疾走，儘管這些陷阱掩藏的非常好，但是牠還是很快就發現了第一個地方。牠停在包裹前面，非常謹慎的挖開它周圍的東西，直到牠發現了陷阱、繩索和原木，然後將這些東西暴露在牠的視野之中後，牠又以同樣的方式去

找到其他的陷阱。我發現牠停下來，一旦發現在痕跡上有什麼疑點，牠就會轉到旁邊，這時，我想到了一個能制服牠的方法。我設置陷阱的時候將以H型設計，也就是說，在每一邊我都設置了一列陷阱，然後在路中間也設置了一個。不久之後，我發現我又失敗了。羅布沿著小路行走，在牠發現陷阱之前，牠是在兩條平行線之間的，但是牠非常及時的停下來，但是對於牠爲什麼或者怎樣發現的，我卻不得而知，我想一定有一個邪惡的天使在護佑牠吧！牠沒有左右移動，只是緩緩退回到牠原來的位置，絲毫不差，直到脫離危險方位。然後牠回到一側，開始用後爪挖土和石塊，直到把這些陷阱刨出來爲止。後來的其他些情況裡，牠也會這麼做，儘管我不停的變換我的方法，牠卻從沒有被我騙過，牠的聰明才智似乎從來沒有讓牠出過錯，而牠的一生可能就會這樣不停的掠奪下去，但是牠不幸的團隊最後終於招致了牠的毀滅。牠在自己落單的時候仍能毫髮無傷，但是卻因整個團隊的輕率舉動而

落難。

有時候，我會發現這個克拉坡的狼群中有些不太對勁的地方。我想這些跡象並不是非常有規律的出現的。例如，有時候竟然會有一頭小狼跑到首領的前頭，直到一個牛仔給了我解釋，我才恍然大悟。

「我今天看見牠們了，」他說：「脫離隊伍的那個是布蘭卡。」這時我才明白過來，說道：「喔，我知道了！布蘭卡是頭母狼，因爲如果是一頭公狼敢那麼做的話，羅布會立刻殺了牠的。」

於是我想到了一個新的計畫。我殺死了一頭小母牛，在屍體周圍設置了一兩個非常明顯的陷阱。然後我割掉牛的頭，通常人們都認爲這是沒有用的部位，不會引起狼的注意。我把牛切成一塊一塊的，並在周圍設置了六個用鋼筋做的陷阱，小心的把它們隱藏好。在我做這些事的時候，從牛頭裡流出的血液沾滿了我的雙手、雙腳和工具，地上也撒的到處都是；當我把這些陷阱全部用土掩蓋好以後，又故意用小狼皮在這個地方拂拭了一下，還在陷阱周圍留下許多痕跡。我將牛頭放置在一條狹窄的走道，並在這個走道設置了最好的兩個機關，我就是要用牛頭將牠們吸引過來。

狼群有接近每一個屍體的習慣，牠們總是要探測一下它們是否有毒，即使不打算吃，牠們也會這麼做的。所以我希望這個習慣可以把克拉坡狼群引到我新的陷阱中來。我知道羅布一定會發現我的肉有問題，也一定會阻止其他夥伴靠近，但是我把希望寄託在那個牛頭上，因爲它看起來就像一個被隨意丟棄，沒有多大作用的東西。

第二天早晨，我動身去看我的陷阱，在那裡，哦！我的天啊！是那個狼群的痕跡，牛頭和陷阱已經空了。我們快速的查看了一下痕跡，清楚發現羅布曾阻止牠的狼群靠近那塊牛肉，但是其中一隻小狼走過去查看了一下牛頭，因爲牛頭是放在另一邊的，所以就正好落入了陷阱之中。

我們順著留下的痕跡開始追蹤，不出一英里就看見了那頭不幸的狼——布蘭卡。牠的速度本來可以遠遠超過我們步行的速度，但是儘管牠跑的非常快，卻因爲有一個重達五十多鎊的牛頭累贅而慢了下來，當牠到達山谷的時候，我們已經追上牠了，因爲牛角非常的引人注目，而且也阻礙了牠的速度。牠是我看過最漂亮的一匹狼，牠的皮毛幾乎是全白的，非常亮麗。

牠轉過身子，準備跟我們決一死戰，牠向牠的同伴發出了一聲長長的求救聲，聲音穿過了高聳的山谷。從很遠的臺地，傳來了一聲低沉的回音，那是老羅布的聲音。那是牠最後一次叫喊，我們包圍了牠，牠聚積了所有的力量，要跟我們做最後的一搏。

悲劇無可避免的發生了，在那個時候，我曾不止一次的想要退縮。我們用繩索套住這隻劫數難逃的狼的脖子，從不同的方向策馬飛奔，直到從牠的嘴中吐出一口鮮血，眼睛瞪的大大的，四肢僵硬，然後直直的倒了下去。在

回去的路上，我們載著布蘭卡的屍體，興奮異常，這是我們給予克拉坡狼群的第一個打擊。

在這個慘劇發生後，在回家的路上，我們有時候會聽到羅布在遙遠臺地傳來的嚎叫聲，牠似乎正在尋找著布蘭卡的蹤跡。牠從沒有眞正地遺棄牠，只是心裡明白自己沒有辦法拯救牠了，當牠看見我們向牠走來，對於火藥的恐懼剎那間充滿了牠的內心。我們一整天都聽到牠如泣如訴的悲鳴聲，似乎一直在找尋著布蘭卡。最後我對其中的一個男孩說，「現在，我確定布蘭卡是牠的愛人了。」

到了夜幕降臨之後，牠好像又回到了牠們在山谷的家中，因爲牠的聲音聽起來是那麼的近，並且充滿了不容質疑的悲痛。那時，聲音已經不再是宏亮、充滿挑戰的吼叫，而是聲嘶力竭的悲鳴著：「布蘭卡！布蘭卡！」牠一直在呼喊著這個名字。到了晚上，我注意到牠一定就在我們襲擊布蘭卡不遠的地方。最後牠似乎找到了留下的痕跡，當牠來到我們殺死牠的地方時，牠那令人心碎的聲音讓人幾乎不忍傾聽，因爲那聲音裡包含了無法令人相信的哀傷。甚至連感覺遲鈍的牛仔都注意到了，說他們以前從沒有聽過一匹狼像那樣叫過。牠好像知道發生了什麼事情，因爲布蘭卡的血已經染紅了牠死亡的那個地方。

然後牠追蹤馬匹留下的痕跡，追到了農場。不知道牠是想找到布蘭卡還是想復仇，總之，牠的出現嚇壞了屋外不幸的狗兒，在離房門五十碼的地方，牠把狗撕成了一塊一塊的。很明顯的，牠這次是單獨出動的，因爲我第二天只看見一匹狼的痕跡，牠這樣魯莽的跑來，根本不是牠一貫的做事方式。而這也正中我的下懷，我在農場周圍佈置了很多陷阱。後來我發現，牠眞的曾經掉進其中一個陷阱裡面，但是牠力大無窮，所以掙脫了出來，將陷阱的工具扔在一邊。

我相信牠一定還在附近，至少會待到牠找到布蘭卡的屍體爲止，所以在牠離開這個地方之前，趁著牠的心情還處於莽撞的情緒控制之下的時候，我要集中所有的精力逮住牠。然後我才發現，殺死布蘭卡是個多麼大的錯誤啊！因爲我其實可以用牠做爲誘餌，在第二天晚上就可以捉到羅布了。

我找出所有能找到的陷阱工具，一百三十個鋼筋捕狼器，在每條可以通向山谷的小路上我都放了四個；每個陷阱都用一根原木固定住，每根原木都被我埋了起來。在埋這些原木的時候，我仔細的移動每一棵小草和每一粒塵土，把草皮像毯子一樣的移開，埋好後再將草皮放回去，以確保所有事情完工後，肉眼絕對不會看出來。當我把陷阱掩藏好之後，我在圍繞農場的每個地方都放上了可憐的布蘭卡的屍體碎塊，最後我割下牠的一隻爪子，在每個陷阱旁邊留下一串痕跡。我將這一切設計好之後，回家靜靜等著結果。

在那個夜裡，我想我聽到了老羅布的聲音，但是我又不敢確定。第二天

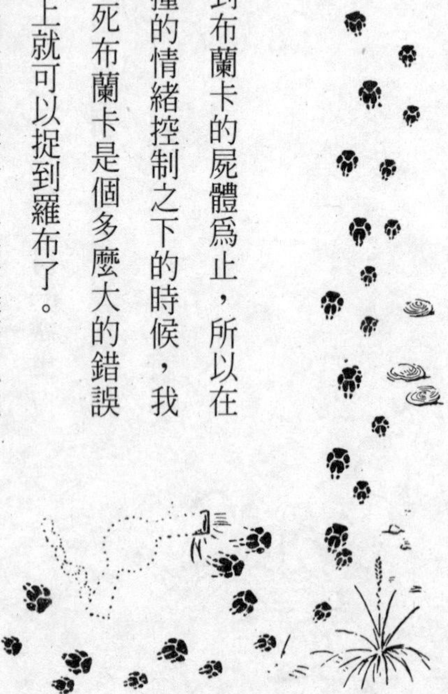

我騎馬出去，但是還沒有騎到北面山谷，天色就已經黑了，我還是沒有得到任何關於羅布的消息。

在吃晚餐的時候，一個牛仔說，「今天早晨，北面山谷裡有一群牛，可能在那邊的陷阱有什麼狀況。」第二天下午，我來到了他說的那個地方，當我還沒到達那個陷阱旁邊時，就看見了一個想竭盡全力掙脫，卻徒勞無功的灰色影子。我一步一步地走近，羅布就站在我的面前：克拉坡之王被牢牢的困在了陷阱之中。可憐的老羅布，牠從沒有放棄尋找牠的愛人，當牠在小路上發現牠的屍體的時候，非常冒失的尾隨而至，於是就落在了為牠準備的陷阱裡面。牠躺在鐐銬上面，那麼無助，從牠周圍的痕跡可以看出牛群們曾將牠團團的圍住，對這個落難的暴君進行了怎樣的侮辱，但是牠們沒有膽子靠近牠。兩天兩夜過去了，牠依舊躺在那裡，已經沒有力氣再做掙扎了。但是當我靠近牠的時候，牠一下子站了起來，大叫了一聲，這也是山谷中最後一次迴蕩著牠低沉的聲音。這是求救的聲音，牠是在召集牠的手下，只是沒有得到任何回應，只留下牠一個獨自面對這一切，牠使出全部的力氣轉了一圈，試圖做最後的垂死掙扎。但是牠所有的努力都是徒然的，每個陷阱都有三百多鎊重，落入陷阱中之後，極重的鋼筋鉗夾將牠的每隻腳都緊緊的夾住，還有很重的原木和鐵鏈將牠牢牢的束縛住，牠根本就沒有任何逃生的機會了。牠曾經用牠鋒利的獠牙想咬斷這些鐵鏈，因爲當我用槍筒碰牠時，看見了牠留在鏈子上的凹痕。從牠眼睛中放射出的綠光充滿了仇恨和憤怒，牠對我咬牙切齒，拼命想撲向我及我戰戰兢兢的馬。但是因爲饑餓、掙扎和失血過多，牠已經筋疲力盡了，一會兒就摔倒在地面上，再也爬不起來了。

當我準備處置牠的時候，看見了牠腳上的一條條傷痕，不知道爲什麼，我的良心忽然覺得備受譴責。

「偉大的逃犯，無數次逃脫追捕的英雄，幾分鐘之後你就會變成一堆爛

肉，沒有其他的選擇了。」於是我晃動著我的套鎖，呼嘯著想套在牠的頭上，但是牠不會輕而易舉就此屈服的，在繩索套在牠的脖子之前，牠比我更迅速的抓住了套鎖，狠狠的一咬，繩子斷成了兩截，落在了牠的腳下。

當然，我還有槍做爲最後的保障，但是我不想弄壞牠的上等皮毛，所以我匆忙地返回帳篷，叫來了一個牛仔，並且拿來一個新的套鎖。我們用一截木棍把牠的嘴塞住，然後將繩索緊緊套在牠的脖子上。

然而就在牠眼中的光芒消失的一剎那，我改變了主意，「等等，我們不要殺牠；我們把牠活著帶回營地去。」牠現在是完全無害的，因爲我們在牠的獠牙後面綁上了一根粗粗的棍子，橫放在牠的嘴裡，然後用繩子將牠的下顎捆上，這樣牠只能緊緊地咬住棍子了。所以牠現在是無害的，只要牠感覺下顎很緊，牠就不能做多餘的抵抗了，牠沒有發出任何聲響，只是靜靜的看著我們，似乎說著：「你們最後還是抓到我了，請任意處置吧！」從那以後，牠再也沒有看過我們一眼。

我們把牠的腳牢牢的綁上，牠沒有出聲、沒有嚎叫，甚至沒有轉頭看我們一眼。然後我們合力將牠放在我的馬上。牠的呼吸非常均勻，似乎睡著了，但是牠的眼睛卻瞪得又大又亮，還是始終沒有看我們。我們離綿延起伏的臺地越來越遠，那是牠的領土，而此時牠的狼群已經分崩離析了。牠一直看著，直到馬來到山谷的小路，直到山峰擋住了牠的視線。

我們終於安全的回到了牧場，我們用一個軛和一個很結實的鐵鏈將牠綁在牧場的樹墩上，除去了牠的繩索。我第一次這麼近距離的觀察牠，原來那些關於牠的傳說是那麼的不可靠啊！牠的脖子上沒有一圈金黃的毛，牠的肩膀上也沒有一個表明牠是撒旦附體的倒十字。但是我發現牠的臀部上有一個非常大的傷疤，傳說這是犬王朱諾的犬牙標記，這個標記是在羅布殺死牠的那一刻時，被刻在身上的烙印。

我把肉和水放在牠面前，可是牠連看也不看一眼。牠靜靜的站著，堅定的眼神穿過我，看向通往山谷的路，望向寬闊的草原——那是牠的草原——當我碰觸牠時，牠動也不動。太陽已經下山了，牠還是目不轉睛的盯著那片草原。我想牠可能會在天黑後向牠的手下求救，我已經準備好各種應對措施，但是在牠那次嚎叫之後，牠就再也沒有什麼動靜了，再也沒有叫過一次。

如果獅子失去牠的力量，雄鷹失去牠的自由，鴿子失去牠的愛人，那麼牠們會不會因爲心碎而死？誰能說這個殘酷的強盜在承受這三重打擊後，心還是完整的呢？我只知道，到了早晨，牠還是靜靜的躺在牠原來休息的地方，但是牠的靈魂已經不在了——老國王已經死去了。

我從牠的脖子上取下繩索，一個牛仔幫我把牠抬到了放置布蘭卡屍體的小棚子裡面，我們把牠放在牠的旁邊，這時一個牛仔說了一句：「你現在已經在她身邊了，你們又可以重新在一起了。」

【故事二】

烏鴉領袖

銀點

我們之中有多少人眞正地瞭解過一隻野生動物呢？我指的並不是說曾偶爾遇到過一隻，或者在籠子中養過一隻，而是不論牠是否是野生的，依舊長時間的、眞正的去瞭解牠，去融入牠現在和過去的生活。通常我們遇到的問題是很難把一個動物從牠的同伴中區分出來。像狐狸或者烏鴉，每隻長的都非常像，我們根本就不敢肯定下次看見的還是不是同一隻。但是如果有一段時間，有一隻非常強壯或者特別聰明的動物出現了，牠成爲一位偉大的領袖，就像我們平時說的，牠是一個天才，正巧如果牠的體型比較高大，或者有什麼記號，可以讓人們一眼就能認出牠來，那麼牠很快就會在牠生活的那個地方非常的有名，也可以讓我們瞭解到野生動物的生活，要比許多人類的生活都更有趣，更激動人心。

在這些動物中，有卡淳德，一匹短尾巴的狼，牠在十四世紀初統治了巴黎周圍將近十年的時間；克拉伯福特，一隻跛腳的灰熊，在薩克拉曼多上游流域的兩年時間裡，毀掉了所有的養豬場，使幾乎一半的農民破產了；羅布，新墨西哥州的狼王，在過去的五年裡，牠每天都要殺死一頭牛，索尼的黑豹在不到兩年的時間裡，殺死了三百多個人——這些動物中也包括銀點，我會把我所知道的、關於牠的故事講述給大家聽。

銀點是一隻非常聰明的老烏鴉；之所以管牠叫銀點，是因爲在牠的右眼和嘴之間有一個銀白色的點，就像一個鎳幣鑲在牠的右臉上，也就是因爲這個銀白色的點，我才能從牠其他的夥伴中認出牠來，才能把我所知道的牠的部分故事編輯在一起。

我想我們都知道，烏鴉是我們所認識的鳥中最聰明的一種——「就像一隻老烏鴉一樣聰明」這句諺語是有一定道理的。烏鴉知道一個組織的價值，同時牠們也像士兵一樣勤於操練——甚至有時候會做的比士兵還要好，因爲烏鴉整日都在値勤，經常處於戰備狀態，牠們互相依賴以保護彼此的生命和安全。

牠們的首領不僅是年齡最大、最有智慧的一個，同時也是最強壯、最勇敢的一個，因爲牠們必須隨時準備用全部的力量來鎭壓暴動或者叛亂。而士兵是那些年輕而又沒有什麼特殊才能的烏鴉。

老銀點是一個數量眾多的烏鴉團隊的首領，牠們將總部建在離加拿大多倫多很近的弗蘭克城堡，那裡地處城市的東北邊緣，蒼松翠柏終日掩映。牠們的成員大概有二百多隻，至於爲什麼數量一直沒有增加，我始終沒有弄明白。

在暖冬的時候，牠們會一直待在尼加拉河；而在冷冬，牠們會飛到非常遠的南方。但是每年二月的最後一個星期，老銀點都會召集牠的部下，穿過多倫多和尼加拉瓜之間四十多英里的寬闊水域；但是牠們並不是直線飛行，而是沿曲線向西飛，這樣牠就可以看到鄧達斯山脈熟悉的路標，直到蒼松掩映的小山出現在牠的視野中爲止。

牠每年都會帶領牠的隊伍來這個地方住上六個星期。每天早晨，這些烏鴉分成三組去尋找食物。一組往東南方到灰橋灣，一組向北到德昂，還有一組，也是最大的一組往西北到達峽谷地區。最後一組由銀點親自率領，至於誰領導另外的兩組我就不得而知了。

在寂靜的早晨，牠們總是飛的很高、排列得非常整齊，但是如果遇到風大的天氣，這個隊伍就會飛的很低，拿峽谷做爲屏障，沿著峽谷飛行。從我的窗戶遠遠地望去就可以看見這個峽谷，在一八八五年，我第一次看見這隻老烏鴉。當時我剛剛來到這個地區居住，不過一個老居民那時對我說：「那個老烏鴉在這個峽谷中飛來飛去已經有二十多年了。」我經常看見銀點沿著原來的路線，在峽谷中飛行，儘管牠要飛過一棟棟房屋，穿過一座座橋樑。

幾乎三月的每一天、四月的一段時間，然後是夏末和秋天，牠總是飛來飛去，你總可以看見牠矯健的身影，聽到牠對團隊發出的命令。漸漸地，我認知到了一個事實，那就是——儘管人類是非常聰明的，但是烏鴉，做爲一種鳥類，也擁有自己的語言和社交系統，在許多方面，牠們都同人類一樣出色，而且在某些方面比人類做的還要好。

颳著大風的某一天，我站在橫跨峽谷的橋上，就在此時，老烏鴉領著牠長長的、零散的部隊飛回牠們的家。在距離不到半英里的空中，我聽到牠們的聲音：「非常好，前進！」牠在前面喊，牠的副官在隊伍的尾部回應。

牠們飛得非常低，好像快被風颳跑了，牠們不得不飛的稍微高一點，這樣才能飛過我站著的那座橋。銀點看見我站在橋上注視著牠時，似乎不太高興。牠查看了一下隊伍的飛行狀況，又叫了起來：「大家警惕！」，然後在空中升高了許多。牠看見我手中沒有武器，然後飛到我的頭上約二十英尺的地方，牠的部下依次飛了上去，當飛過橋之後，牠們又降低到原來的高度了。

第二天，我還是站在相同的位置，當烏鴉離我很近的時候，我舉起了手中的拐杖，向牠們瞄準。這隻老烏鴉立刻大叫「危險！」一下子升高了五十英尺。當看見不是一隻槍的時候，牠又冒險的飛了過去。但是在第三天，我眞的拿著我的槍時，牠立刻叫了起來：「太危險了——一隻槍。」牠的副官也重複著同樣的話語，在隊伍中的每一個烏鴉都開始從原來的狀態中進入戰備，四散開來，直到牠們飛到射程之外，安全的離開後，才又低下來回到山谷中的避難所。

又有一次，當這支長長的、零散的部隊回到山谷的時候，一隻紅尾巴的鷹落在了牠們原定路線附近的一棵樹上。這個首領開始叫了起來：「鷹，鷹！」依舊保持牠原來的飛行速度，每隻烏鴉慢慢的靠近牠，直到牠們全部在一塊石頭上落了下來。這時牠們不再害怕那隻鷹，繼續前行。但是還沒飛幾步遠，就發現一個男人拿著一隻槍出現在牠們的視線之中，呼喊聲轉變爲：「危險，太危險——一隻槍，一隻槍；散開！」幾乎就在同時，牠們開始散開、翱翔，直到牠們遠離那個地方。

在我長時間的研究中，我發現牠還有許多其他的命令，這些命令在聲音上幾乎只是一點點的區別，在意思上卻相差十萬八千里。當喊五聲的時候，意味著出現的是鷹，或者其他體形大，而且比較危險的鳥，意思很明顯是要改變方向。如果是五聲連在一起，就是危險的信號，如果是四聲連在一起，意思是撤退，如果是重複兩次，則表示對遠方的夥伴的問候。通常情況下，一聲是在向士兵進行演講，意思是立正。

在早春四月的時候，烏鴉開始牠們不同尋常的舉動，似乎要發生什麼撼動人心的事情了。牠們不再從早到晚地尋找食物，而是半天半天的待在松樹上，三三兩兩地互相追求著彼此，一次次的顯耀著自己的飛行佳績。牠們比較熱衷於從一個較高的地方向著正在棲息的同伴突然的俯衝下來，就在快要撞到對方的一剎那間，陡然轉向，重新回到空中，速度非常的快。突然從高空飛下的那隻烏鴉的翅膀所發出的聲響，就像遠處的雷聲一樣轟轟作響。有時會有一隻烏鴉低下自己的頭，抬高自己的羽毛，和另一隻靠的非常近，還發出咯咯的長音符。

這是什麼意思呢？我很快就知道了。牠們正在求愛，配對。雄烏鴉們在女士面前展示牠們雙翅的力量，和牠們嘹亮的聲音。牠們一定都很高度的重視這個過程，因爲到了四月中旬，所有的烏鴉都已經找到自己的愛人，然後牠們會分散開來度自己的蜜月，留下來的弗蘭克城堡是那麼寧靜和荒蕪。

蘇格勒夫山是德昂峽谷中獨立的一座山峰。它被森林覆蓋，和不遠處的弗蘭克城堡連在了一起。這兩座山之間的森林中，有一棵高大的松樹，它的頂端有一個被遺棄的鷹的巢穴。每個多倫多的男學生都知道這個巢穴，但是除了我曾經射下來一隻黑松鼠外，沒有看見上面有任何生命跡象。就這樣年復一年，逐漸粗糙、陳舊，最後裂成了一塊一塊的了。但是奇怪的是，它卻不像其他的舊鳥窩一樣掉下來、摔成一片一片的。

在五月份的一個早晨，天才剛濛濛亮，我就出門了，緩步潛行穿過這個樹林，因爲落在地上的葉子都是濕的，所以不會發出沙沙的聲音。我恰巧經過這個老鳥巢的下面，突然看見了一個黑色的尾巴。我輕輕的碰了那棵樹一下，飛出來一隻烏鴉，我終於發現這個秘密了。我一直懷疑每年都有一對烏鴉在這棵松樹上築巢，現在我才發現，原來是銀點和牠的老婆啊！

這個老巢就是牠們的家，牠們太聰明了，牠們每年都會來打掃，保持清潔。牠們已經在這裡住了很長時間了，每天都會有手中拿著槍捕殺烏鴉的男人和小孩從牠們的家下面經過，但是卻從來沒有人發現過牠們。我曾經在望

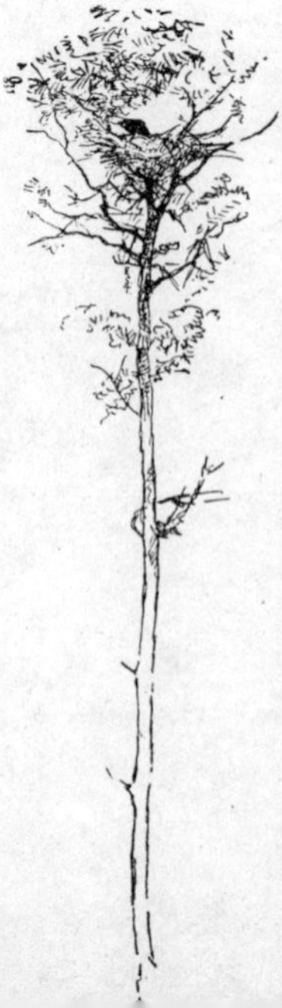

遠鏡中看過牠幾次，但是我沒有再次驚嚇到牠。

某天，我看見一隻嘴上有一塊白色東西的烏鴉從德昂峽谷飛過。牠飛到了洛絲黛爾小溪的河口，然後又飛到了海狸樹上。牠落到一個白色的物體上，然後開始在四周尋找。這正好給了我一個機會，好好的認識一下我的老朋友銀點。一分鐘以後，牠撿起了一個白色的東西——貝殼，然後穿過泉眼，停在碼頭和臭菘之間，牠挖出了一堆貝殼和其他白色、閃閃發亮的東西。牠把這些東西全都鋪展開，放在陽光下，把它們一個個地翻過來，用牠的嘴把它們一個個地叼起來，然後又放下，好像那些東西是牠的寶貝一樣的和它們依偎在一起、和它們玩耍，又像個吝嗇鬼一樣緊緊的盯著它們不放。

這是牠的愛好，也是牠的弱點。牠自己也不明白牠爲什麼那麼喜歡這些東西，其實沒有一個男孩能夠解釋他們爲什麼喜歡收集包裹上的郵票，沒有一個女孩能解釋她們爲什麼喜歡珠寶；但是牠就是喜歡它們，半小時以後，

牠用土和樹葉蓋上它們之後飛走了。

我馬上跑到了那個地方，查看了一下牠的寶藏；那裡有很多的東西，主要有白色的鵝卵石、蛤的殼、還有一些罐子，而且裡面還有一個陶瓷茶杯，我想牠一定是把這些當做珍寶一樣的收藏。那是我最後一次瞧見這些東西。銀點知道我已經發現了牠的寶庫，立刻就把牠們移位，搬到了我永遠都不會知道的地方。

據我的近距離觀察，發現牠總能有驚無險的逃脫險境。曾經有一次，牠讓一隻食雀鷹抓住了，除此之外，牠還經歷了好多次的追捕、逃脫，讓那些鳥中之王非常的困擾。雖然這些動物沒有給牠造成多大的傷害，但是牠非常討厭牠們，所以每次遇見牠們時，牠總是掉頭就跑，就像一個成年人不想和那些吵鬧無禮的小毛頭發生正面衝突是一樣的。

牠有時也會惡作劇。牠每天早晨總是圍著小鳥的巢飛來飛去，然後吃掉

剛下的鳥蛋，每天都非常規律，就像大夫查房一樣準時。但是我們也不能因爲這個就說牠有罪，因爲我們不也總是會在院子裡對母雞做同樣的事情嗎？

我經常看見牠非常機智的反應。某天，我看見牠嘴裡叼著一塊麵包飛到了峽谷，當時牠下方的小溪正在砌下水道，工程只完成了一部分，當牠飛到水域上方的時候，麵包不小心從牠的嘴裡掉了出來，被水流捲走，沖到隧道裡不見了。牠飛了下來，看了看，裡面黑壓壓的什麼也看不見，牠突然靈光乍現，飛到小溪的下游、隧道的末段，等待著被沖走的麵包再次出現，牠終於又拿到了麵包。

銀點是一隻非常成功的烏鴉。牠生活在一個充滿危險，但同時也物產豐富的地方。在那個年久失修的巢裡面，牠和牠的妻子每年都會撫育一批孩子，而我從沒有區分出來牠們誰是誰，當烏鴉再次集合的時候，牠仍是牠們公認的領袖。

在六月末，牠們再次集合在一起，那些拖著短尾巴、翅膀柔軟、聲音尖尖、一樣的大小的小烏鴉由牠們的父母帶領著，來到這個位於古老松樹林的烏鴉社會，這一棵棵的樹將是牠們的堡壘，同時也將是牠們的大學。在這裡，牠們從爲數眾多、高聳，但卻非常隱秘的棲息地中尋找著安全感；在這裡，牠們開始了牠們的學習生涯，教授在烏鴉的世界中成功的秘訣，教授在烏鴉的世界中，最後的失敗絕不簡單的意味著下一個開始，而是死亡。

牠們重新集合一兩個星期以後，小烏鴉們就忙著彼此互相認識，因爲在團隊中的每一隻烏鴉都必須認識其他的隊友。而這個時候，牠們的父母可以趁此機會休息一下，因爲這時候小烏鴉已經可以自己覓食了，牠們休息的時候會在樹枝上排成長長的一隊，就像一個大家族一樣。

一、兩個星期之後，該到換羽毛的時候了。在這個時候，老烏鴉的脾氣非常暴躁、緊張，但是牠們沒有停止訓練這些小烏鴉，這些小烏鴉對懲罰非

常的害怕，不免發著牢騷，但是牠們一下子就從媽媽的寶貝轉而快速的成長了起來。這些都是爲了牠們好，就像老太太們常說的，如果吃慣苦就再也不覺得苦了。老銀點就是一個好老師。有時牠像在給牠們講課一樣，我猜不出牠說了什麼，但是經過判斷，我想牠們所得到的一定是最富有智慧的東西。每個早晨，總有一隊烏鴉在進行訓練，因爲小烏鴉要根據年齡和力量分成兩或三個班。然後剩下的時間，牠們要爲牠們的父母出去覓食。

當到了九月的時候，我們會發現在小烏鴉身上發生了很大的變化，那些傻傻的小烏鴉已經開始長見識了。在牠們眼中，藍色的虹膜和傻頭傻腦的感覺已經被一種深棕色的老練眼神取代了。牠們現在已經掌握了訓練的內容，同時也已經瞭解了牠們必須站崗的職責。牠們已經學會了對付槍、陷阱和面對線蟲與綠玉米時所應採取的特殊路線。牠們知道農夫的胖老婆一點也沒有危險性，儘管她要比她十五歲的兒子體形大好多，牠們可以區分男孩和他的

姐姐。牠們知道一隻雨傘不是一把槍，牠們可以數到六，而銀點可以數到三十左右。牠們可以聞出火藥的味道，知道鐵杉樹的右側在哪裡，牠們開始整理自己的羽毛，正式成爲烏鴉世界的一員。牠們落在一個地方，並確定這個地方非常乾淨以後，總是會將牠們的翅膀搧動三次。牠們知道如何激怒一隻狐狸，讓牠放棄自己的晚餐，牠們還知道如果遇到一隻鳥中之王或者一隻紫燕攻擊牠們，牠們應該一頭栽在灌木叢中，因爲牠們深知這些動物是不可能和那些小害蟲作戰的，就像一個提蘋果的胖夫人是不可能捉到那些襲擊她的小男孩一樣。

小烏鴉瞭解這些所有的事情；但是牠們還沒有學會怎樣獵蛋，因爲現在還不是那個季節。牠們不瞭解什麼是蛤，也從來沒有品嚐過馬的眼睛，或者看見過玉米發芽，牠們不知道從旅行中可以學到最多的東西。兩個月之前，牠們還沒有想到過這些問題，但是從那之後，牠們開始思考了，牠們也學會

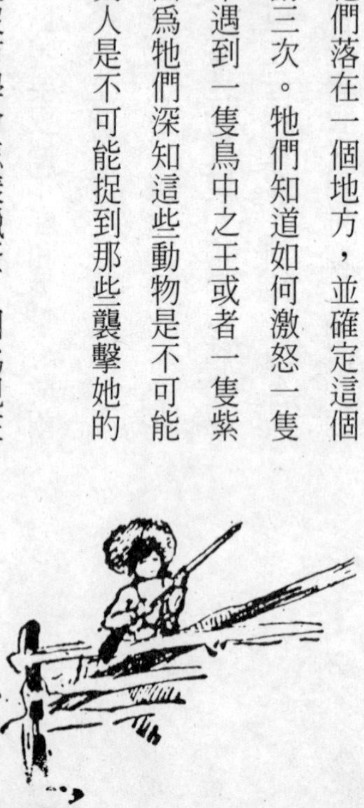

了等待，等到最好的時機到來。

九月，老烏鴉們的身上也發生了很大的變化。牠們換羽毛的時間已經過了，現在牠們又披著長長的羽毛，爲牠們自己漂亮的外衣而洋洋得意。牠們的身體非常健康，脾氣也有所改善。甚至就連老銀點這個嚴厲的老師都開始輕鬆了起來，那些小烏鴉以前對牠恭恭敬敬的，現在開始眞的愛上牠了。

牠在訓練上苦心研究，教給牠們使用命令時的所有信號，在早晨起來看見牠們眞是一件快樂的事情。

「第一隊！」老隊長大聲一叫，第一隊就會以更大聲進行回答。

「起飛！」牠自己親自率領，牠們全體就會直直的向前飛去。

「升高！」牠們就會立刻轉身向上飛去。

「集合！」牠們會聚集在一起。

「散開！」牠們就像風吹到的樹葉一樣，向四面飄散。

「成直線！」牠們就會拉長距離，形成一條長長的直線。

「降落！」牠們就會落在附近的地面上。

「覓食！」牠們就會降落，然後散開去尋找食物。這個時候要有兩隻烏鴉長時間的放哨——其中一隻在一棵樹的右面，而另外一隻站在離牠很遠的左邊的一個土垛上。如果一會兒銀點大喊：「一個人拿著槍呢！」這兩個哨兵就會重複叫喊，這樣整隊人馬就會立刻飛回來。如果事情結束了，牠們又再次排成一條直線，返回牠們的家。

放哨不是所有的烏鴉輪流值班的，但是大部分烏鴉的警惕性都非常高，牠們永遠都不會忘記放哨的任務，會同時進行放哨和覓食。如果把這樣兩個任務交給我們的話，都是非常困難的，但是烏鴉們卻非常有條不紊，烏鴉是公認所有現存鳥類中組織性、紀律性最好的一種。

最後，每到十一月就可以看見牠們成群結隊的飛往南方，牠們還要學習

新的生活、新的路標、新的食物，但是還是在聰明的銀點的率領之下。

只有一次，一隻烏鴉犯了愚蠢的錯誤，那是一個晚上。其實嚇壞烏鴉的只是一隻鳥而已，那是一隻貓頭鷹，但是這些情況恰巧都碰到一起，對於這些黑色的鳥來說是太不幸的一件事情了。在黑夜裡遠處傳來的貓頭鷹叫聲是那麼清晰，叫人不免想把頭從翅膀底下抬起來，渾身發顫，直到天亮。可是在這麼寒冷的冬天，將牠們的臉直接暴露在冰冷的天氣之下，一隻烏鴉的眼睛被凍僵了，牠永遠的失明了，直到死去的時候，再也沒有看見過任何東西，而且也沒有醫院可以醫治這隻受傷的烏鴉。

但是到了早晨牠們又有了勇氣，起來後牠們在方圓一英里的範圍內開始尋找那隻貓頭鷹，即使牠們不殺死牠，也要嚇牠個半死，然後再把牠驅逐到二十里外的地方。

在一八九三年，烏鴉們像往常一樣飛到弗蘭克城堡。有一天我正在樹林中蹓躂，忽然看見一隻兔子留下的痕跡，牠似乎使出全力在雪地中奔跑，在樹林中閃躲，好像正在被什麼東西追趕著。很奇怪的是，我沒有看見追趕者留下任何痕跡啊！我跟蹤而至，發現在血地上有一灘血，小兔爸爸癡癡的看著自己孩子殘缺不全的屍體。

誰殺了牠簡直是一個謎，後來經過仔細的觀察，我在雪地裡發現裡兩個腳趾印的痕跡，還有一根漂亮的棕色羽毛。所有的一切都清楚了——一隻貓頭鷹。又過了半個小時，再次經過這個地方，在這棵樹下面，離牠的犧牲者不到十英尺的地方，兇手還在逍遙法外，四處遊蕩。因爲旁證是不會撒謊的。我經過的時候，牠發出呱呱的叫聲，然後飛到了遠處陰暗的森林之中去了。

兩天後的一個早晨，烏鴉們發出了很大的騷動聲響。我出去得很早，想看看究竟，卻發現血地上飄飛著黑色的羽毛。我順著風吹來的方向走去，一會兒，我看見了一隻鮮血淋漓的烏鴉的屍體，地上的兩個腳趾印再次告訴我，兇手還是那個貓頭鷹。周圍都是掙扎過的痕跡，但是這個壞蛋太強壯了，可憐的烏鴉在晚上就被從牠的窩裡拖了出來，而當時無盡的黑夜更將牠推向了深淵。

我將烏鴉的屍體翻過來，看見了牠的頭時我很意外，瞬間一陣悲痛湧上心頭。我的天！是老銀點的頭。牠的一生都給了牠的團隊——最後自己卻被貓頭鷹給殺死了，這些都是牠教給成百上千的小烏鴉們應該注意的問題。

在蘇格勒夫的那個老巢現在眞的已經荒廢了。烏鴉們仍是每年春天都要回到弗蘭克城堡，但是沒有了牠們傑出的領袖，牠們的數量逐漸在減少。不久後，我們就再也沒有在小松樹林裡——那片牠們和牠們的父母輩曾長年生活和學習的地方，看見過牠們了。

【故事三】

亂耳朵瑞格

一隻出色的棉尾兔

亂耳朵瑞格是隻年輕棉尾兔的名字。之所以叫牠亂耳朵是因爲牠被撕破的耳朵，那是牠人生中的第一次冒險時留下的、永遠無法磨滅的生命印記。牠和牠的媽媽生活在奧利芬特沼澤地區，我曾用過很多種不同的方法來同牠們結識，現在我手中的一些素材和事實片段已足以讓我完成這個故事了。

那些不瞭解動物的人們可能會認爲我賦予牠們人性，將牠們擬人化了，可是那些生活在這些動物周圍的人就不會這樣認爲，因爲他們瞭解，動物的生活方式和牠們的思想是不比人類差的。

其實我們都知道兔子是不能講話的，但是牠們有自己溝通交流的方式，例如：聲音系統、符號、氣味、碰觸鬍鬚、動作和示範都起到了言語的作用；需要注意的是，儘管在講述這個故事的時候，我進行了從兔語翻譯成英語的的過程，但是我絕對不會重複牠們從來沒有說過的話。

這個沼澤地裡雜草叢生，可以將瑞格媽媽建的安樂窩很好的隱蔽起來，不被別人發現。媽媽總是用草墊將牠蓋上，一如往常的叮囑牠低下頭，無論發生什麼事情都不要出聲。雖然被藏在草墊底下，但是牠總是清醒著，牠那大大的眼睛被牠頭頂上那小小的綠色世界所吸引。一隻嘮叨的藍鳥和一隻紅色的小松鼠，這兩個臭名昭彰的賊因爲偷竊事件而大聲的互相指責，爭吵了起來，曾經有一次，瑞格家的矮樹林就是牠們的戰爭中心；一隻黃鶯捉到了一隻藍色的蝴蝶，距牠的鼻子只有六英寸遠，有一隻黑紅斑點的瓢蟲，總是靜靜的揮動著牠的觸角，從這片葉子上滑到另一片葉子下，穿過瑞格的小窩，越過瑞格的臉——儘管這樣，牠還是一動不動，甚至連眼睛都不眨一下。

一會兒，從附近的灌木叢中傳來了一陣奇怪的沙沙聲。這是一種奇怪的、持續的聲響，儘管感覺一會兒從這個方向、一會兒從那個方向，越來越近，但是卻聽不到腳步的聲音。瑞格一生都生活在沼澤地裡（牠只有三個星期大），但是牠卻從沒有聽到過這種聲音。當然牠的好奇心也被挑了起來。

媽媽曾叮囑牠不要抬頭看，怕他會遇到危險，而這種沒有腳步聲的奇怪聲響卻絲毫不讓人感覺到恐懼。

低沉的響聲已經近在咫尺了，一會兒在右邊，一會兒在後面，最後似乎又離開了。瑞格認爲自己應該做些什麼了，牠已經不是小孩子了；現在牠的任務就是去瞭解這個聲音是什麼東西發出來的。牠慢慢地撐起牠矮胖的身體，抬起牠的小圓腦袋瓜，伸出牠的安樂窩，偷眼細瞧。這時候，因爲牠的移動，聲音停止了。牠沒有看見任何東西，所以爲了看得更清楚些，牠往前移動了幾步，突然牠發現自己正和一條黑色的大毒蛇四目相對。

「媽媽！」當這個怪物緊緊地盯著牠時，瑞格發出了極度驚恐的叫喊聲。使出所有的力氣，牠希望自己可以逃生。但是在一瞬間，毒蛇咬住了牠的一隻耳朵，迅速移動地將瑞格纏繞起來，心滿意足地看著這隻無助的兔寶寶，心想自己不用再爲晚餐發愁了。

「媽媽……媽媽！」可憐的瑞格有氣無力的叫著，因爲這隻恐怖的怪物開始用力的纏住牠，牠已經快要窒息了。眼看小瑞格的哭叫聲快要停止了，這時茉莉就像一支箭一樣的躍出了樹叢。沒有一絲膽怯和無助，茉莉幾乎是從陰影中飛了出來；有一股偉大的母愛支撐著牠，孩子的哭喊聲使牠充滿了勇氣。現在牠來到這隻可怕的毒蛇面前，牠一跳一躍，用鋒利的後爪狠狠的打擊著牠，當給牠留下一道長長的傷口後，毒蛇開始扭動身體，惱羞成怒的發出嘶嘶的叫聲。

「媽媽！」從小兔子口中傳來有氣無力的叫喚。茉莉發起了一次比一次更厲害、更兇猛的進攻，直到這隻可惡的毒蛇鬆掉小兔子的耳朵，開始將注意力全部集中在牠身上。但是牠每次只能咬到一口兔毛，茉莉的進攻一步一步的逐漸處於上風了，因爲蛇的身上已經被劃了很多道的血痕。

情勢對毒蛇來說是越來越不利了，爲了振奮精神發動下一輪的進攻，牠放掉了對兔寶寶的鉗制，可憐的小瑞格逃出來以後，立刻氣喘吁吁的跑到了草叢底下。牠完全被嚇壞了，雖然左耳朵已被毒蛇咬傷，但是已經是大難不死，死裡逃生了。

茉莉已經達到牠的目的，牠也不想戀戰，匆匆的奔入樹林之中。小兔子也尾隨著奔了進去，直到茉莉把牠帶到沼澤地一個安全的角落。

奧利芬特沼澤地是一些硬且多刺的樹木生長的地區，在中間地帶還有池塘與小溪。一些參差不齊的原始森林遺跡依舊在那裡，那些老樹幹就像已經枯死的木頭一樣，靜靜地躺在矮灌木叢之中。池塘邊的陸地生長著柳樹、苔蘚類植物，讓貓和馬都望之卻步，但是牛卻從來都不怕。在乾燥地帶長滿了荊棘和小樹。在最外面，也就是緊挨著那個地區的是茂密的小松樹，它們活著的和枯死的針葉散發出誘人的味道，總是能吸引路人忍不住深吸一口氣，但是這種氣味對那些爲了生存在這片土地上，而和牠們相互競爭的小樹苗是致命的。圍繞在這條長路周圍的是平地，即使偶爾有野生動物的痕跡，也是那些生活在附近地區的狐狸留下來的，牠們比較猖狂、做什麼都肆無忌憚。

在沼澤地區，茉莉和瑞格是主要的居民。連牠們最近的鄰居也離牠們非常遠，牠們的親戚也都已經死了。這裡就是牠們的家，牠們彼此相依為命，也就是在這裡，瑞格接受了如何才能生存下去的訓練。

茉莉是一個好媽媽，牠給予瑞格非常細心的照料。牠學會的第一件事情就是躺著別動，不要出聲。這次冒險經歷告訴牠，這條原則是多麼明智啊！瑞格再也沒有忘記這個教訓；從此以後，牠總是按照媽媽的話去做，這使得接下來的學習就容易多了。

牠學到的第二課是呆住不動。它是源自於第一課的，當瑞格學會跑的時候，牠就開始被教授這個技巧了。呆住不動其實非常簡單，就是什麼也不做，瞬間變成一座雕像。當發現敵人就在附近的時候，無論當時正在做什麼，一隻訓練有素的棉尾兔都會保持鎮靜，停止所有的活動，因為樹林中的所有生物與所處環境的顏色是一樣的。牠們的眼睛盯住對方，一動也不動。所以說當敵人相遇的時候，先看見對方的那方都會保持不動，儘量不讓對方發現，再選擇有利的時機向對方發動進攻或者逃掉。

只有生活在森林中的那些人和動物知道這個技巧的重要性；每種野生動物和每個獵人都必須掌握這一點。所有的動物都將這個技巧掌握的非常好，但是牠們之中沒有一個可以比得上茉莉。瑞格的媽媽通過親身經歷來教授給牠這個技巧。當牠穿過森林，身後的白色棉尾坐墊也隨著身體上下晃動，瑞格緊緊的跟在後面。但是當茉莉停下來、一動不動的時候，一種模仿的自然天性也讓牠學著媽媽，做相同的舉動。

瑞格從牠媽媽那裡學到的最珍貴的一課，就是荊棘叢的秘密。這已經是一個很久遠的秘密了，如果你想要理解這個秘密，就必須知道為什麼荊棘叢能抵禦野獸的襲擊。

在很久以前，玫瑰生長在叢林當中，而且那個時候它們也沒有那麼多刺。但是松鼠和老鼠總是爬到它們身上放肆，牛總是用牠們的角將它們撞倒，負鼠總是用牠們長長的尾巴將它們拉翻，小鹿用牠們的蹄子將它們踩扁。所以荊棘叢就用刺來保護它的玫瑰，向那些會爬樹的、有角的、有蹄子的，還有長尾巴的所有生物宣戰了。這種保護方式給自己留下了一方和平，從此再也沒有任何東西打擾過它，除了棉尾兔茉莉，因爲牠不會爬、沒有角、沒有蹄子，只有短短的尾巴。

實際上，棉尾兔從來就沒有傷害過荊棘叢的一草一木，玫瑰和小兔子共同面對過如此多的敵人，已經形成了特殊的友誼。當危險來臨，威脅到小兔

子的生命時，牠就會飛跑到最近的荊棘叢，那裡可以給牠無盡的安撫，還會用有毒的刺來保護牠的生命。

所以瑞格從牠的媽媽那裡知道的秘密就是——荊棘叢是你最好的朋友。

在那個季節的大部分時間裡，瑞格都在瞭解這片土地的位置、荊棘和荊棘叢的路徑。在已經充分瞭解了以上的情況之後，牠就可以從兩個不同的路徑到沼澤地散步，但是不論到哪裡，牠從來沒有遠離牠的好朋友荊棘叢五步距離遠過。

不久，棉尾兔的敵人發現人類種植了一種新的荊棘，而且在整個地區種植了很多。這些植物茁壯的生長著，沒有動物可以踩倒它們，即使再堅硬的皮膚也會被它們上面的刺刺傷。每年，這些植物都會增加一些，而對於那些野生動物來說，也就多一分痛苦。但是棉尾兔茉莉從來沒有害怕過它，因爲牠不是無緣無故的來到荊棘叢中的。獵狗和狐狸，牛和羊，甚至人類自己都可能被它們可怕的刺劃傷，只有茉莉知道如何和它們和平共處，如何才能活得更好。隨著荊棘叢的擴大，棉尾兔安全的範圍更大了。這片新的可怕荊棘叢的名字是——鐵絲網。

現在茉莉沒有其他的孩子需要照顧，所以瑞格得到了牠全部的關愛。牠長得非常快，也非常聰明，強壯。因爲牠有過很多不同一般的經歷，所以才能如此的出色。

一年四季，茉莉總是忙著教瑞格學習生存的技巧，什麼可以吃，什麼可以喝，什麼不能碰。日復一日，牠總是忙著訓練牠，一點一點的教會牠，將牠自己生活中或者早期學到的成百上千種知識都灌輸到牠的腦子裡，這樣才可以教會牠在野外生存下去的要領。

在苜蓿地或者灌木叢中，瑞格緊緊地挨著媽媽，坐在媽媽的旁邊，當茉莉抖抖鼻子讓嗅覺更靈敏時，瑞格就模仿著牠的一舉一動；用牠的嘴咬上一小口，或者舔舔牠嘴唇，確定牠吃到的是和媽媽一樣的食物。牠模仿媽媽，學著用爪子梳理自己的耳朵，整理外衣，弄掉身上的刺果。牠還知道只有荊棘上乾淨的露珠適合兔子飲用，因爲一旦水沾上了塵土，肯定就被污染了。牠這樣慢慢學習森林裡的知識，這些最古老的科學智慧。

瑞格長的夠大，就可以自己獨自出門了，牠的媽媽已經教會牠通信密碼。兔子彼此之間發信號的方式，就是用後腿不停的敲擊地面。通過地面，這個聲音可以傳的很遠。如果離地面六英尺高，在二十碼以外就聽不見這種敲擊聲了，但是如果緊貼地面，在一百碼以內都可以聽見。兔子的聽覺十分敏銳，牠們可以在二百碼的距離內聽到同樣的敲擊聲，這種聲音可以從奧利芬特沼澤地的一邊傳到另一邊。只敲擊一聲意思是注意，或者是呆住不動；慢慢地敲擊兩聲意思是過來；快快的敲擊兩聲意思是危險；快速的敲擊三聲意思是快跑。

有的時候，天氣萬里無雲，藍鳥彼此之間互相爭吵，所有的一切都說明周圍平安無事，瑞格就開始學習新的東西。茉莉垂下自己的耳朵，意思是蹲下。然後牠跑到了很遠的灌木叢，敲擊地面，意思是過來。瑞格跑了一段，卻沒有發現茉莉。牠敲擊地面，但是沒有答覆。經過仔細的觀察，牠發現了茉莉的腳印，沿著這些奇怪的痕跡開始尋找。這些痕跡對動物來說是非常平常的，但是人類卻根本無法瞭解，牠順著這些痕跡終於找到了茉莉藏身的地方。於是，牠學會了牠的第一次搜尋，牠們玩的這種捉迷藏遊戲後來就成爲牠生活中時常上演的一部分。

在這個學期結束之前，牠已經學會了兔子謀生的所有規則，雖然面對的問題還不是很多，但是已經足以顯示出牠是一個眞正的天才了。

牠對樹、逃避和蹲伏的應用已經非常精通，牠能利用木墩蜿蜒前進，防止反向跟蹤，所以牠幾乎不用需要使用到其他的技巧。雖然牠還沒有嘗試過，但是牠知道如何通過電線，這是一種新的方法；牠對沙子做了特別的研究，因爲沙子可以消除所有的氣味，牠對換班、跳欄杆、快跑還有躲藏應用熟練，這是需要長時間留心才能學會的技巧，牠也沒有忘掉躺得低低的是所有聰明才智的一個基礎，荊棘叢是唯一安全的地方。

牠被教授了如何辨別牠所有的敵人，和阻止牠們的方法。鷹、貓頭鷹、狐狸、獵狗、雜種狗、臭鼬、黃鼠狼、貓、貂、浣熊還有人類，每種動物都有一種不同的追蹤方法，針對每種動物和牠們的種種惡行，牠已經被教授了不同的應對策略。

牠瞭解了在敵人逐漸靠近的情況下，首先要依靠的是自己和媽媽，然後是藍鳥。「千萬不要忽視藍鳥的警告聲，」茉莉說：「牠常愛惡作劇，總是搗亂，老是偷偷摸摸的，但是什麼事情都逃不過牠的眼睛。牠從不介意傷害我們，但是這個荊棘叢會讓牠無法做到，牠的敵人也是我們的敵人，所以最

好還是留意牠的一舉一動。如果啄木鳥發出一聲警告，你應該相信牠，因為牠非常誠實，但牠也是一個傻瓜；所以儘管藍鳥總是惡作劇，但是當牠說有壞消息的時候，相信牠你才能安全。」

通過這些帶刺的鐵絲網需要集中精力，全力以赴。瑞格冒險玩了半天，但是當牠集中所有精力的時候，牠發現這也成爲了牠的一個樂趣了。

「對於那些能擺弄帶刺鐵絲網的人來說，它眞的很好玩。」茉莉說：「首先你把狗引到一條直路上，逐漸熱身。然後你總是距牠一步之遙，把牠引到通向與胸齊高的帶刺鐵絲網的斜坡上。我已經看過許多狗和狐狸都因此變成了殘廢，一條大獵犬當場就死掉了；但是我也看見過不止一隻兔子在嘗試的過程中失去了自己的生命。」

瑞格早就學會了什麼是兔子根本不該學習的，像躲避這個方法，根本就不像表面上看起來那樣萬無一失；對一隻聰明的兔子來說，它可能是比較安

全的方式，但是對一隻反應比較慢的兔子來說，卻遲早會變成一個危險的陷阱。一隻年輕的兔子總是首先考慮到這個方法，但是上了年紀的兔子除非沒有其他的方法可用，否則絕不使用它。這意味著這種方法可以從一個人或者一條狗，一隻狐狸或者一隻鳥的追捕中逃脫，但是如果面對的敵人是一隻雪貂、貂、黃鼠狼或者臭鼬，或許就意味著自己會突如其來地死亡。

在整個沼澤地有兩個地洞。一個在陽光海岸，在南邊的一個又乾燥又隱蔽的小山上面。這個洞穴斜向太陽，如果是一個陽光普照的日子，棉尾兔們總是要來到這裡做日光浴。牠們在芳香的松針和鹿蹄草的環繞下，伸展四肢，然後像燒烤一樣慢慢的翻轉過來，似乎希望渾身上下都被照射到。牠們眨著眼睛、喘著粗氣、蠕動著身體，似乎正被一個可怕的夢魘籠罩著，但是只有牠們自己知道，這是牠們最享受的一種方式。

在山脊的上面是一個大松樹樁。這個松樹樁的根部奇形怪狀，在黃色的

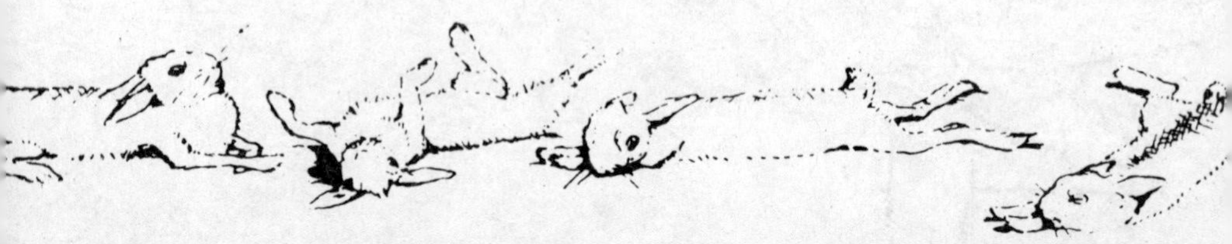

沙地上蜿蜒前行，像一條巨龍，在龍爪強而有力的保護下，一隻脾氣暴躁的老旱獺在很久以前就已經挖了一個地洞，在下面安家了。牠的脾氣越來越壞，一天竟然和奧利芬特的狗吵了起來，沒有及時躲到裡面去，所以茉莉就得以在後來的時間裡，一直佔據著這個地方。

這個樹洞，在茉莉之前被一隻太過有自信的年輕臭鼬給佔據了，牠本來非常怕事，但是卻還幻想能長壽，因爲牠總是想，即使拿著槍的獵人從牠頭頂走過，也不會注意到牠的存在。所以牠像一個希伯來的國王，只在牠的領土上統治了四天，就被茉莉接手了。

另外在蕨類植物叢裡面，緊緊挨著三葉草叢旁還有一個草洞。這個洞又小又濕，如果不是萬不得已，是不會被使用的。這個洞也是一隻旱獺的功績，牠是一個非常好心的鄰居，但是這個浮躁的年輕人已經被製成了馬鞭，使奧利芬特大大提高了工作效率。

「這很公平啊！」這個老人說，「因爲牠的皮就是用偷來的馬糧養大的，所以現在重新讓牠轉變成馬力是公平的。」

現在棉尾兔是這些洞的唯一的主人了，但是在平常的時候，牠們不敢靠這些洞太近，以免暴露自己的行跡。

還有一棵中空的山胡桃樹，儘管都快倒了，但依舊是綠綠的，兩邊正好各開了一個洞。這裡的長期住戶是拉特，一隻孤獨的老浣熊，牠表面上主要以獵捕青蛙爲食，但是牠也和那些老臭鼬一樣，總是嘴上說自己不吃新鮮的肉，但牠的宣言眞的非常令人起疑，因爲偶然的一次，兔子就成了牠的盤中餐了。所以當在一個夜黑風高的晚上，牠在襲擊母雞窩被殺死的時候，茉莉非但沒有感覺一絲遺憾，反而在佔據牠舒適房間時，感到非常的輕鬆。

明朗的八月，早晨的陽光潑灑在沼澤地上，一草一木都沐浴在陽光之中。一隻棕色的小麻雀正在池塘裡蹣跚的走著。牠下面全是髒水，藍色的天

空投在上面形成了倒影，黃色的浮萍鑲嵌在上面就像精美的馬賽克一樣，中間還有一隻站錯位置的小鳥。在岸後面，是一片生長地很旺盛的捲心菜，在草叢中投下了濃重的影子。

小麻雀的眼睛還不能分辨顏色，但是牠已經可以看到我們可能會忽略的東西；在寬寬的捲心菜葉子下面，在無數的葉子形狀的東西中有兩個毛絨絨的生物，牠們的鼻子總是不停的聞來聞去，看看還有什麼東西是靜止的。

牠們就是茉莉和瑞格。牠們在捲心菜底下舒展著身子，不是因爲牠們喜歡這種臭臭的味道，而是因爲那些危險的動物根本不會在這裡駐足，所以對牠們來說，這裡是安全的。

兔子們沒有特意留出時間去學習，因爲從出生開始牠們就一直在學習；但是牠們所學習的內容是根據當時的處境而定的，就是在危險來臨之前，一定要學會這些東西。牠們到一個安靜的地方去休息，但是沒過多久，從藍鳥

那裡突然傳來了警告的聲響，讓茉莉一震，牠的尾巴緊緊的貼在後面。從沼澤地正走過來的是奧利芬特的黑白相間的大狗。

「現在，」茉莉說，「蹲下來，直到我引開那個傻瓜，沒有危險的時候你再起來。」牠站了起來，無畏的迎上前去。

「汪——汪——汪」當牠在茉莉身後面追趕時，拼命的狂叫著，但是茉莉總是和牠保持一步的距離，將牠引到了有無數花刺的地方，牠的耳朵被劃了一道血口，一躍跳到了隱藏的鐵絲網上。牠被劃了一條很深的傷口，然後回家了。

茉莉在跑了一小段以後，來回兜了一圈，為了避免獵狗再回來，牠設置了一個障礙。茉莉回來找瑞格時，發現牠因為非常急切，已經站立了起來，伸長脖子看著整個過程。茉莉因為牠沒有聽話而很生氣，所以用自己的後腿踢了牠一腳，把牠撞到了泥地裡。

某天，牠們在苜蓿地旁邊吃東西，一隻紅尾鷹猛然向牠們撲了下來。茉莉踢起了後腿和牠開玩笑，然後竄進了灌木叢裡牠們的一條老路上，當然鷹是不能追趕了。從溪旁的灌木叢到煙囱管的灌木叢是一條主要的通道。幾株蔓藤長在了上面，茉莉一面盯著鷹，一面開始工作，將這些蔓藤切斷。瑞格看著牠，然後跑到了前面，也開始咬斷這些小路上的蔓藤。

「做的好！」茉莉說，「讓逃跑的路線清晰，你以後會經常用到它們的。不用特別寬，但是一定要夠清楚。切斷每種東西，讓藤從它們上面爬過，到時候你就會發現你切斷了一個陷阱。」

「一個什麼？」瑞格問道，牠用左後腳抓了抓牠的右耳朵。

「一個陷阱，那是看上去像一條藤一樣的東西，但是它不會生長，在這個世界上，它要比所有的鷹都更壞。」茉莉說著，看著已經遠去的紅尾鷹，「因為它總是日夜隱藏著，直到有機會逮到你。」

「我不相信它能抓到我。」瑞格說，以一股出生牛犢不怕虎的氣勢。然後牠站了起來，在一株光滑的小樹苗上蹭了蹭牠的下巴和鬍鬚。瑞格不知道自己在幹什麼，但是牠的媽媽看見了，知道這是一個標誌，就像男孩到了一定年紀會變聲一樣，牠的小寶貝已經不再是個小孩子，而是一隻大棉尾兔了。

奔騰不息的河有一種魔力，誰也說不清楚那是什麼，但是卻可以感受的到。一個建築工人可以勇敢的穿過一座寬闊的沼澤、湖泊，或是大海，但是每次他們面對流動的小河時總是小心翼翼，充滿了恭敬之情，仔細的研究它的願望、它的方向，滿足它的一切要求。饑渴的行者在有毒的鹽鹼荒漠中行走，那些莎草密茂的的池塘讓他們望而卻步，直到他們發現了潺潺流動的小河，它的中心清澈見底，那是流動的水，是生命之水，他們才會興高采烈的暢飲。

流淌的河水有一種魔力，那些惡毒的咒語根本就不能穿越過它的身體。

田母．歐伸特（註①）在最艱難的時刻證明了它擁有這個能力。這個原始森林中的動物，牠的敵人根據牠留下的氣味緊緊的窮追不捨，牠感覺自己已經走投無路了、沒有力氣了，任何一種方法都無法讓牠擺脫掉敵人，直到善意天使把牠引導到流淌的水旁邊，跑進冰冷的河裡面，牠又重新振作起了勇氣。

流淌的河水有一種魔力，獵犬來到這個地方總是受阻，然後不得不掉轉航向。歡樂的小溪解開了牠們的詛咒，野生動物依然蓬勃的生活著。

這是亂耳朵從牠的媽媽那裡學到的最偉大的秘密之一——「除了荊棘叢中的玫瑰之外，水也是你的朋友。」

在八月一個又熱又潮的夜晚，茉莉帶著瑞格穿過樹林。牠尾巴底下的棉白色軟墊隨著牠的奔跑在前面一晃一晃的，像指引瑞格的燈籠，儘管只要牠一停下來，坐在上面就消失了。跑幾步，停下來，聽一聽，牠們已經來到了池塘的邊上。雨蛙在樹上輕輕的哼唱著睡覺、睡覺，一隻傲慢的牛蛙離開深水中的木頭，從上到下洗了一個涼水澡，唱著讚美的歌。

「跟著我。」茉莉說道，牠跳到了池塘裡面，游到了池塘中央的木頭上。瑞格害怕了，但是還是栽了進去，喘著粗氣，晃了晃鼻子，照著媽媽的樣子做著。就像在陸地上一樣，同樣的動作讓牠在水中游動，這時牠發現自己可以游泳了。牠繼續游動，直到來到木頭跟前，在牠媽媽後面爬上了比較高的那端，燈心草就像一個屏障一樣圍在牠們的四周，水告訴牠們沒有敵人。

在這個夜晚過後，從薩平寧菲爾德來了一隻老狐狸，牠穿過沼澤來到了這裡，瑞格永遠記得牛蛙的聲音，因爲原本可能是安全信號，但是從那以後，牛蛙的歌詞就變成了，快跑，快跑，危險！

這是瑞格向牠媽媽學到的最後一課——牠可以畢業了，而許多小兔子根本就沒有機會學到這些東西。

沒有一隻野生動物是壽終正寢的。牠們的生命或長或短，但都是以悲劇結尾。對牠們來說一生只有一個問題，那就是可以和自己的敵人周旋多長時間。但是瑞格的一生說明了，一旦一個小兔子可以度過牠的青年時代，那麼牠很可能會繼續度過牠最好的壯年時代，在生命中第三個階段才被殺死，也就是我們稱之爲老年的第三個階段。

棉尾兔周圍都是自己的敵人。牠們每天的生活就是一系列的逃脫。那些狗、狐狸、貓、臭鼬、浣熊、黃鼠狼、貂、蛇、鷹、貓頭鷹，還有人類，甚至連昆蟲也總是想加害牠們。牠們經歷了成百上千種危險，每天至少逃命一次。牠們總是爲了生存而到處奔跑，用牠們的腿和智慧來挽救自己的生命。

不止一次，那個來自於薩平寧菲爾德的討厭狐狸把牠們趕到鐵絲網下面，那個廢棄的豬圈裡面避難。但是牠們也一次又一次地看見那隻該死的狐狸不但抓不到牠們，卻反而被鐵絲網刺傷。

在打獵的時候，瑞格已經學會讓獵犬和與牠一樣危險的臭鼬相鬥，牠從中得利。有一次，牠被一個獵人活捉了，那個獵人有一條狗，還有一隻白鼬。但是瑞格到了第二天就利用讓兩隻動物之間產生摩擦，而非常幸運的逃脫出去。好幾次，牠都被貓追趕到水裡面，更多次被鷹和貓頭鷹追趕，但是針對每種危險，牠都有不同的保護措施。牠的媽媽教給牠最基本的逃避方法，牠將這些方法更加發展了，隨著年齡的增長，牠又創造了很多新的方法。牠逐漸變得成熟、機智，同時隨著年齡增長，腳程逐漸緩慢下來，牠就更依靠自己的智慧來尋找安全了。

然格是附近一條小獵犬的名字。爲了訓練牠，牠的主人經常讓牠追蹤棉尾兔。牠們追蹤的幾乎總是瑞格，因爲這隻小兔子好像和牠們一樣享受這個追逐的過程，牠們對於危險似乎有一種狂熱。瑞格總是說：「哦，媽媽！那條狗又來了，我今天又得跑。」

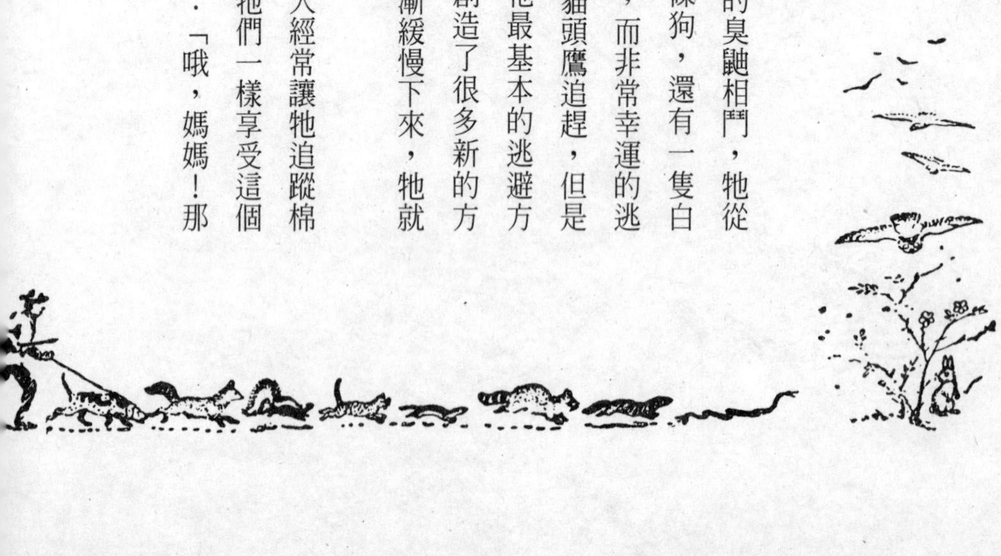

「瑞格，我的兒子，你太勇敢了！」茉莉回答道，「恐怕你會經常需要這樣跑的。」

「但是，媽媽，我覺得能夠戲弄那條愚蠢的狗眞的很好玩，而且是一種非常好的訓練方式。如果我被壓在下面，我會敲地的，然後你就會出現，會把牠引開，這時我就可以喘口氣，恢復正常的呼吸了。」

牠一出來，然格就跟蹤而至了，直到瑞格累的不行了，牠就會發敲擊信號求助，由茉莉負責對付那條狗，或者通過自己的聰明花招擺脫掉那條狗。可見瑞格掌握森林的知識已經多麼熟練了啊！

牠知道越在地面附近，牠留下的氣味就越多，當牠越熱的時候，氣味也越重。所以如果牠準備出發，那牠就會靜靜的待半個小時，等涼快下來，沒有什麼氣味，知道自己是安全的爲止。因此，當牠厭倦追蹤了，牠會跑到小溪邊的荊棘地，在那裡蜿蜒前行——也就是Z字形——直到牠留下的路線已經夠曲折，狗如果想找到牠一定會被耽擱半天的時間爲止。然後牠在森林中留下D型路線，單腿跳到上風口的高高原木E上。牠停在D的上面，把後面留下的蹤跡擴展到了F，然後又跳到一邊，繼續向前跑到G。然後回到牠原來的蹤跡到J，牠等到獵狗到了牠留下的痕跡I的時候，又繼續跑。瑞格又回到了原來的H，然後又是E，留下了一個氣味障礙包，或者大步一跳，牠跑到了原木上面較高的那一端，坐在那裡一動不動。

然格在錯綜複雜的迷宮中浪費了很多時間，當牠直接跑到D的時候，已經沒有什麼氣味了。牠轉了個圈子，然後繼續走，在浪費了很多時間以後，牠到了G。牠又一次的感到困惑不堪，不得不又轉了個圈子，尋找痕跡。圈子越轉越大，直到最後，牠正好來到了瑞格所在的原木底下。但是因爲天氣很冷，氣味不太會向下飄，所以瑞格沒有躲閃，沒有眨眼，獵狗就從眼皮底下離開了。

然後狗又在周圍散步。這次牠來到了原木較低的地方，停下來聞了聞。是的，很明顯是兔子的味道，但是氣味不太新鮮了；然後牠繼續向上爬。

對瑞格來說，眞的是一個考驗的時刻，因爲一條大獵犬一面嗅著，一面走過來。但是牠還是很鎮靜；風向是向右的，牠已經決定在然格走到一半的時候，牠就飛快的跑開。但是牠沒有上來，一條黃色的雜種狗都應該可以看見一隻兔子坐在這裡，但是獵犬竟然沒有發現，因爲氣味太不新鮮了，所以牠跳下原木，瑞格勝利了。

瑞格除了媽媽以外，沒有看見過其他的兔子，牠幾乎從沒有想到過有其他兔子的存在。現在牠已經離媽媽越來越遠了，但牠從沒有感覺過孤單，因爲兔子是不喜歡群居的。十二月的一天，牠正在紅山茱萸叢中，打算開闢一條通向小溪灌木叢的一條新路，在天空的映襯下，牠在陽光海岸旁邊看見了一隻陌生兔子的腦袋和耳朵。這個新來者倒是滿心歡喜的表情，跳到了瑞格

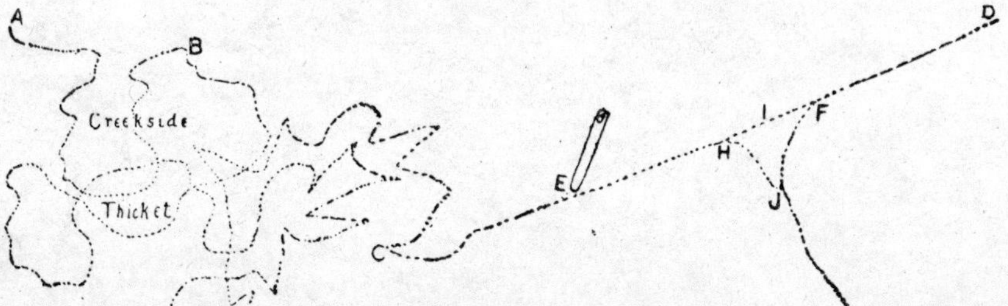

的路上。一種新的感覺湧上了全身，那是一種夾雜著氣憤和憎恨兩種感情的混合體，我們稱之爲嫉妒。

陌生的闖入者停在瑞格經常摩擦的樹旁邊——就是那棵牠過去常常站起來摩擦下巴的樹。牠想自己之所以這麼做原因很簡單，就是因爲喜歡它；但是所有的公兔子都會這麼做。那棵兔子樹就像一個標記，這樣其他的兔子都知道這個沼澤已經屬於一個兔子家庭，不能再公開地在這裡定居了。如果最新的這個來訪者是熟悉的人的話，牠們也是通過氣味來讓後來者知道。從地面到摩擦位置的高度顯示了這隻兔子到底有多高。

令瑞格難受的是，這個新來者比自己高一頭，是隻高大、壯碩的公兔。這完全是一種全新的經歷，湧入心頭的是一種全新的感覺。突然有一種殺死對方的衝動；牠狠狠的咀嚼著，儘管嘴裡沒有什麼東西，然後跳到了一塊乾淨的地方牠慢慢的敲擊著：

解決！

咚——咚——咚，這是一隻兔子的信號，滾出我的沼澤地，要麼就用戰爭

新來者把耳朵分成一個大大的V字，坐直了身體，呆了幾秒鐘，然後落下了牠的前腿，傳出的聲音更大、更響，咚——咚——咚。

開始宣戰了。

牠們跑了幾步走到了一起，牠們都想尋找時機處於上風。這個新來者是個體形大、渾身充滿肌肉的公兔，但是較量一兩回之後，當瑞格壓低身體時，牠都無法靠近牠，就說明這隻兔子不是太狡猾，只想透過力量來取勝。牠衝了過來，瑞格迎面而上。當牠們混戰在一起的時候，牠們又蹦又跳，用牠們的後腿攻擊對方。砰、砰，可憐的小瑞格總是在下風。一會兒，這個新來者用牠的牙咬住了瑞格，在牠起來之前，瑞格的耳朵上掉了好幾撮毛。但是牠的腳比較靈活，逃出了對方的控制。又一個回合開始了，瑞格又一次被

擊倒，又一次被咬傷。牠根本就不是敵人的對手，現在牠是不是能活著都成了問題。

儘管牠已經傷痕累累，但是牠還是跑掉了，這個新來者開始追趕牠，一定要殺死或者是將牠從這片牠一出生就在的沼澤地中驅趕出去。瑞格的腳力比較好，所以牠跑的比較快。那個新來者個頭大，所以比較笨重，最後放棄了追逐。這對可憐的瑞格來說是萬幸了，因爲牠身上的傷已經讓牠行動遲緩，而且已經疲憊不堪了。

從那天開始，瑞格開始知道恐懼了。牠的訓練一直以來都是針對貓頭鷹、狗、黃鼠狼、人類和其他的動物，媽媽從沒有沒有教過牠，當被另一隻兔子追趕的時候應該怎麼做，所以牠不知道如何去做。牠所知道的就是躺的低低的，直到牠被發現，然後繼續跑。

而可憐的小茉莉完全被嚇呆了，牠不能幫助瑞格，只能找地方躲起來。

但是這隻大公兔還是發現了牠。牠拼命的跑，但是現在牠已經不像瑞格一樣靈活了。這個新來者並沒有想要把茉莉殺掉，而是強暴了牠，所以牠恨牠，想逃走，因爲牠侮辱了自己。

日復一日，牠總是在後面不停的追趕茉莉，對牠非常粗暴，總是將牠撞倒在地，撕扯著牠嬌弱的皮毛，直到牠漸漸冷靜下來，然後牠才放牠離開一會兒。

但是牠不變的目標就是要殺死瑞格，瑞格的逃脫似乎沒有什麼希望了。沒有其他的沼澤地可以去，現在就算只是想打一個瞌睡，牠也必須隨時準備賠掉牠的生命。一天不知道有多少次，這個大個子爬到牠睡覺的地方，但是每次警覺的瑞格都及時的醒過來，然後跑掉了。但是這要算是逃脫了，還是沒有逃脫呢？牠的確挽救了自己的生命，但是，上帝！這是一種什麼樣悲慘的生活啊！那麼的無助，看著自己的媽媽每天被敵人又撕又咬，看著牠最喜

歡的用餐地方，最舒適的避風港、費勁心力開闢的小路，因爲這個可恨的畜生而不得不離開。瑞格知道對方的力量強大，現在牠對這個大個子的憎恨程度，比起狐狸或者白鼬來，是有過之而無不及。

怎樣才能結束這一切呢？牠因爲不停的奔跑、守望和劣質的食物，已經筋疲力盡了，而小茉莉的力量和精神也已經在長期的虐待下崩潰了。新來者已經隨時準備好要消滅可憐的瑞格，最後淪爲兔子中臭名昭著的一個壞蛋。所有的好兔子不論彼此有多麼仇恨對方，當牠們共同的敵人出現的時候，都會忘掉牠們的夙仇。但是每當一隻蒼鷹在沼澤地盤旋的時候，新來者卻把自己隱藏的很好，而想把瑞格暴露在敵人的視線底下。

有一兩次，老鷹都快抓住瑞格了，但荊棘叢最後還是救了牠，後來因爲大個子自己也差點被抓住，牠才放棄繼續這麼做。瑞格又一次逃脫了，但是情況沒有變好多少。如果可能的話，牠決定和牠的媽媽一起離開，到一個新

的環境中，尋找新的家園。

牠聽到老閃電，一條獵犬正在沼澤地外邊搜索著，牠決定再玩一次置之死地而後生的遊戲。牠小心的躍過獵狗的視線，開始了快速而且激動人心的追逐。牠們圍著沼澤地轉了三圈，直到瑞格確定媽媽已經藏的非常安全，而牠憎恨的敵人在牠經常待著的巢穴裡面後，牠朝那個巢穴跑去，跳了過去，當牠越過牠的頭的時候，用後腳踢了牠一下。

「你這個可恨的傻瓜，我要殺了你！」新來者叫著跳出來以後，發現自己正好在瑞格和獵狗的中間，暴露在所有的危險之下。

獵犬咆哮的叫著，走了過來。在兔子之間的戰爭中，新來者的力量和體型是有優勢的，但是現在這些優勢全都成了致命的弱點。牠不懂多少把戲，只會簡單的像快跑、蜿蜒前進和挖洞之類的——這些連兔寶寶都會的東西。但是現在敵人離牠很近，快跑和蜿蜒前進是沒有作用了，牠也根本不知道應該

在那裡挖洞。

荊棘叢中的玫瑰對所有的兔子都很友好，盡最大的努力保護牠們，但是現在就連它也失去了作用。獵狗的吠聲急切而穩定。灌木叢發出的劈啪聲及因爲狗被荊棘刺到耳朵而發出的嚎叫聲，都傳到了兩隻兔子的耳朵裡面，因爲牠們就藏在那裡。但是突然所有的聲音都停止了，出現了一場混戰，然後是可怕的尖叫聲。

瑞格知道這意味著什麼，牠不禁開始哆嗦起來，但是當一切結束的時候，牠歡呼起來，因爲自己又成爲親愛的老沼澤地的主人了。

老奧利芬特的人無疑絕對有權利燒掉沼澤地東面和南面所有的荊棘叢，清理小溪下游的鐵絲網豬圈。但是對瑞格和牠媽媽來說，這些都沒有關係。第一，牠們有好多可以警戒的居住地。第二，牠們有穩固而安全的堡壘。

牠們已經在沼澤地生活了這麼長的時間，所以感覺這裡的每個地方，甚至周圍地區都是牠們自己的了——包括奧利芬特的城鎮和房屋——牠們當然討厭有另外的兔子出現，即使是出現在附近的穀倉。

牠們對這片土地的佔有理由和大多數國家要求保持自己的領土主權是一樣的，很難找到一個更好的理由了。

到了一月冰雪消融的時候，奧利芬特的人已經砍下了池塘周圍其餘的大棵樹木，縮減了棉尾兔的領土。但是牠們還是居住在日漸縮小的領土上，因為這是牠們的家，牠們不願意到陌生的地方去。牠們仍舊每天都要經歷危險，但是牠們還是用飛快的奔跑、迂迴前進和機智的方法逃開。

後來，一隻貂出現在上游，牠們安靜的寓所旁邊，對牠們造成了困擾。牠們用了一個聰明的方法，將這個不受歡迎的訪客引到了奧利芬特家的母雞窩，但是牠們還是不敢確定牠是否已經被抓住了。所以牠們暫時放棄使用這個地洞，這是個危險的死胡同，離原來的荊棘叢和灌木叢非常近。

第一場雪很快就過去了，天氣非常晴朗，也很暖和。茉莉感覺自己有一點風濕病，就跑到矮灌木叢中尋找冬綠樹做滋補。瑞格則在東面的堤岸上曬太陽。從奧利芬特家的山牆煙囪裡升起了裊裊的炊煙，使整個森林被薄霧籠罩著，濃濃的棕色和天空的明快顏色形成了鮮明的對比。被陽光鍍成金色的山牆被荊棘叢分成了兩半，在陰影中的紫色像一條深紅色的竹竿，在陽光中的那部分則是金色的。在屋外的畜棚跟房子一樣被陽光鍍金了，像諾亞方舟一樣矗立著。

從那裡傳來了陣陣聲響，還參雜了煙的誘人味道，瑞格知道這是院子裡的人們正在煨捲心菜。一想到美味的食品，瑞格就開始流口水了。牠眨眨眼睛，又眨眨眼睛，深深的吸了一口氣，因爲牠太喜歡捲心菜了。但是在前一個晚上牠已經去過畜棚了，沒有一隻聰明的兔子會連續兩晚上去同一個地方。

因此牠總是做明智的事情。牠移到了一個再也聞不到捲心菜味道的地方，準備牠的晚餐——被風吹下來的乾草。後來，到了晚上的時候，茉莉和牠在一起，牠帶回來了冬綠樹，然後在陽光海岸，就著甜美的白樺，吃起了簡單的晚餐。

這個時候，太陽逐漸掩去了光芒。在東邊出現了一塊黑雲遮住了太陽，而且越來越大，佈滿了整個天空，使天地陷入了黑暗之中。然後又出現了另外一個搗蛋鬼——風趁著太陽不在，開始粉墨登場，呼嘯了起來。天氣變的越來越冷了，看來會比大雪覆蓋大地的時候還要冷。

「眞是太冷了，我多希望我們的灌木叢旁邊有一個大煙囪啊！」瑞格說。

「在松樹洞的夜晚也很美好，」茉莉說：「但是我們至今都沒有看見貂皮，所以還是小心爲妙。」那個中空的山胡桃樹已經死了——事實上，這個時候，它的枝幹已經是牠們懼怕的貂的避風港了。所以棉尾兔來到了池塘的南面，選擇了一個灌木叢，牠們爬到了下面，相互依偎在一起。牠們面朝著風，但是鼻子朝著不同的方向，這樣一旦出現情況，牠們就可以從不同的方向逃跑。

風颮的越來越大，越來越冷，到了午夜的時候，下起了冰雪。這個晚上可能捕獲不到什麼獵物了，但是來自薩平寧菲爾德的老狐狸卻出動了。牠從沼澤地的住處走了出來，來到了灌木叢的避風處，牠在那裡聞到了正在睡覺的棉尾兔的氣味。牠停了一會兒，然後悄悄的朝著灌木叢走了過來，牠的鼻子告訴牠，小兔子正在趴著睡覺呢！因爲風聲和雪聲遮掩了牠前進的腳步聲，所以當茉莉聽到輕微的撚碎樹葉的聲音時，牠已經靠牠們很近了。牠碰了碰瑞格的鬍鬚，當狐狸走過來的時候，牠們兩個完全清醒了；因爲牠們即使在睡覺的時候，也隨時準備著逃跑。茉莉像箭一樣躍了出去。狐狸差了一步，但是緊跟在後面窮追不捨，這個時候瑞格向另外一個方向跑去。

現在對茉莉來說只有一條路；就是在風中向前跑，爲了活著，牠必須穿越沒有結冰的泥潭，因爲那裡狐狸是過不去的。牠來到了池塘邊，沒有轉圜的餘地了，牠必須往前走。

穿過野草叢，然後牠一頭跳進了深水裡面。

狐狸在後面也緊跟著跳了下來，但是對狐狸雷納德來說，游泳太困難了，牠轉了回來。而茉莉只看見一條路線，牠掙扎著游過深水中的蘆葦地，來到了另一邊。但是牠逆著風，一波一波的水打向牠，像冰一樣冷，水裡面到處都是雪，薄冰或漂浮的泥都阻擋著牠的道路。另一面的海岸線似乎離牠還很遠、很遠，而且狐狸可能正在那裡等著牠。

但是牠把耳朵放平，減少風的阻力，勇敢的使出全身的力氣逆流游著。在冰冷的河水中，牠又游了很久，筋疲力盡才游到了更遠處的蘆葦地。但是一大塊漂浮的雪塊擋住了牠的去路；然後從岸邊傳來奇怪的、類似於狐狸的

聲音，這些似乎奪走了牠的全部氣力，在牠擺脫這團漂浮的雪塊之前，牠已經被沖回很遠的地方了。

再一次的使出全身的力氣，但已經是非常緩慢了——哦，眞的很慢了。當牠最後到達避風的地方時，四肢已經麻木，沒有一絲力氣了。牠再也沒有勇氣和心思去理會是不是有狐狸在周圍了。牠穿過蘆葦地，但是在經過草地的時候，牠又猶豫，緩了下來，牠微弱的敲擊聲不能傳到陸地上，牠周圍的水開始結成冰塊，這些都阻止了牠的腳步。過了一會兒，牠冰冷、無力的四肢不能再移動了，小棉尾兔媽媽毛絨絨的鼻頭不再晃動，溫柔的棕色眼睛也慢慢的閉上，就沒有再睜開過了。

但是根本就沒有狐狸等在那裡，企圖貪婪地撕扯牠的身體。瑞格在敵人第一次出現的時候已經逃脫了，牠一恢復過來，就立刻回來，掉轉頭來幫助牠的媽媽。牠遇到了在池塘邊轉來轉去的老狐狸，把牠引到了很遠的地方，等鐵絲網在老狐狸的頭上留下了很深的傷口以後，牠就離開了。

瑞格回到岸邊，尋找著、追蹤著、敲擊著，但是牠所有的搜索都是徒勞的；牠沒有找到牠的小媽媽。牠再也沒有看見牠，牠不知道牠去了哪裡，因爲牠睡在了牠的水朋友冰冷的懷抱裡，再也沒有醒來。

可憐的小棉尾兔茉莉！牠是一個眞正的女英雄，是野生世界中頑強生存的無數英雄中的一員，然後默默的死去了。在爲生命而戰中，牠打了一場漂亮的戰役。牠是個好模範；牠們這樣的英雄是不滅的，因爲牠的肉體和牠的精神再生給了瑞格，牠生下了牠，同時也就把牠的血脈延續了下去。

瑞格一直生活在沼澤地。奧利芬特家的老主人在那個冬天去世了，牠那些揮霍無度的兒子們不再整理沼澤地，或者修理鐵絲網了。在僅僅一年的時間裡，它就比以前更加荒蕪，長出了很多新的樹和荊棘，在鐵絲網下面，有很多棉尾兔的城堡，這裡是牠們最後的堡壘，在這裡，那些狗和狐狸都不敢大聲咆哮。

直到今天，瑞格依然健康地生活著。現在牠已經是一個強壯的公兔，不再害怕任何對手了。牠有了自己的一個大家庭，一隻漂亮的棕色兔妻子，沒有人知道牠是從那裡來的。但是毫無疑問，牠和牠的子子孫孫都會在這裡生活下去。

如果你已經瞭解了牠們的通信密碼，你可以在任何一個充滿陽光的傍晚看見牠們，而你會知道如何選擇一個好的地點，並知道在什麼時間、怎樣去敲擊地面。

註①：Tam O'Shanter，蘇格蘭詩人羅柏・彭斯(Robert Burns)詩中的魔女。

【故事四】

賓格　我豢養的忠實小狗

那是在一八八二年的十一月份，當時馬尼托巴的冬天已經來臨了。我吃過早飯以後，斜躺在椅子上，閒散的待著，一會兒看看窗外的草原和牛舍，一會兒聽聽在附近林中傳來的古老旋律。但是當我看見有一個巨大的灰色身影從平原向我的牛舍奔來，同時還有一隻黑白雜色的動物在後面緊緊追趕牠的時候，我一下子站了起來。

當時想到的是「一匹狼」，於是我拿起槍跑了出去，想要幫助那條狗。但是當我到達那裡時，牠們已經離開了牛棚，在雪地中跑了一會兒以後，狼叫著轉過身來，我們鄰居的牧羊犬在原地轉來轉去，尋找逮住牠的機會。

我開了幾槍，但只讓牠們暫時的分開來，牠們又展開了追逐戰。我們鄰居那條無可匹敵的狗逐漸接近對方，一口咬住了牠的腰，但是怕對方攻擊自己的要害，所以又不得不鬆開口。然後牠們又開始對峙、狂叫，再次開始在雪地上追逐。每隔幾百碼，這種情況就會重演，狗每次都想在新一輪的追逐

戰中將對方解決掉，但是狼總是竭盡全力，突然向相反的東面樹林跑去。最後，這場戰爭經過一英里的追逐和奔跑之後，那條狗已明顯的處於上風，想儘快結束這場戰爭。

一會兒，牠們兩隻開始互相爭鬥，狗快要將牠背上的狼肢解了，雖然牠身上已經傷痕累累，但是仍緊緊咬住對方的喉嚨，我奔上前去，用子彈射穿狼的腦袋，沒有費吹灰之力的結束了戰爭。

然後，當這條狗看見牠的敵人已經倒在地上，死去的時候，牠沒有再多看牠一眼，而是向四英里之外的牧場跑去了，因爲當時那頭狼一出現，牠就把主人丟在那裡去追捕狼了，現在牠的主人還一個人留在那裡。這條狗太棒了，其實即使我沒有出現，牠毫無疑問地也會殺死這匹狼的，因爲我知道牠曾經多次出生入死，儘管牠的身材比較矮小，而那頭狼的體形要比牠大好多。

我對這隻狗的勇氣充滿了欽佩，幾乎是馬上就找到了牠的主人，告訴他我願意出任何價錢將牠買下來。但是卻得到非常傲慢的答覆：「你還是等著買牠的孩子吧！」

看來我是買不到弗蘭克了，但我願意等牠的後代出生，我認爲這也是非常好的事情。這個傑出先生的後代是一隻黑色的小圓球，牠看起來可能更像一隻長尾巴的小熊而不是小狗，但是牠也有弗蘭克皮毛上棕褐色的斑紋，我希望這些斑紋可以確保牠將來可以像牠爸爸一樣偉大，在牠的鼻口的地方還有一個白色的環紋。

我已經擁有了這條小狗，接下來就是幫牠起一個好名字了。我給牠起名叫小賓格。

在那個冬天裡，賓格是在我們的小屋裡度過的，牠是一條笨笨的、胖胖的、善解人意，但是卻很調皮的小狗；牠每天都吃很多的東西，長的越來越

大，也越來越笨。甚至連教牠應該把鼻子放在捕鼠夾的外面都非常困難。牠對貓的主動示好總是被誤解，甚至有幾次反而被貓嚇著了，這種對立局面持續到最後，只有當牠想在穀倉睡覺，或者不在屋子裡時，貓才會出現。

當春天來臨的時候，我著手對牠進行了訓練。經過一番勤學苦練，牠學會了命令我們的老黃牛在沒有柵欄的草場上吃草。

牠一學會這些事情，就變得非常熱衷，對牠來說，沒有什麼事情比命令牠把牛趕出去更有趣的了。牠總是猛的撲出去，高興地又叫又跳，可能是爲了牠的牛而先察看一下草原的情況。不久牠又返回來趕牛，一刻也不讓牛安靜，直到累的氣喘吁吁，牛才被趕到牛棚最遠的一個角落裡。

如果牠沒有那麼這麼過剩的精力，我們可能會更滿意。同時我們又開始感到非常麻煩，因爲牠似乎不滿足於牠的半天放牧的工作，以致於會在我們沒有要求牠去做的情況下，就帶著老牛鄧恩出去了。最後這種情況不止發生了一次或者兩次，而是一天中就會發生很多次，這隻精力過剩的牧羊人總是責任感突發的將牛帶出去，然後再將牛趕回家裡的牛棚。

事情最後演變成了習慣，無論什麼時候牠感覺應該鍛鍊一下，或者有幾分鐘的空餘時間，甚至想思考一些問題時，賓格就會突然跑到草原上，幾分鐘以後再回來，當然，跑在牠前面的是一條心不甘、情不願的老黃牛。

剛開始的時候，我們覺得這沒有什麼，因爲牠不會讓牛跑太遠，不會迷路，但是不久之後，我們發現這種方式給牛造成了傷害。牠變的越來越瘦，產的奶越來越少；這似乎給牠造成了負擔，因爲當牠每次看見這條可恨的狗時，總會精神緊張，在早晨牠總是在牛棚的附近蹓躂，似乎害怕再去奔波，但還是要強迫自己立刻發動攻擊一樣。

這有點離譜了。我們試圖讓賓格在牠樂趣上能適度一點，但是都失敗了，所以我們不得不強迫牠放棄這些工作。這以後，儘管牠不敢再將鄧恩帶

出去，但是牠依舊還是表示了牠的興趣，當牠擠奶的時候，牠總是守在牠的門口不肯離去。

夏天來臨了，蚊子開始肆虐，鄧恩在擠奶的時候，總是不停的擺動牛尾巴，這個比蚊子更令人討厭。

我的弟弟弗雷德總是負責擠牛奶的工作，他雖然聰明，但是沒有多少耐心，於是他發明了一個簡單的方法，不讓鄧恩再擺動尾巴。他將一塊磚頭繫在牛尾巴上，這樣儘管牛會非常不舒服，但是他擠奶的時候不再費力了，而我們都抱著懷疑的態度看著他的舉動。

突然，有一群蚊子「嗡嗡」的向牛發動了進攻。本來牛正在安安靜靜的吃東西，弗雷德站在牠旁邊，開始給牠擠奶，這時牛一驚擺動起尾巴，那塊磚頭一下子打到了弗雷德的耳朵上，旁觀人群發出的嘲笑聲和騷動聲更加讓人忍無可忍。

賓格聽到了裡面騷動的聲音，估計可能該是牠出場的時候了，於是衝了進來，從另一邊開始攻擊鄧恩。最後，當事情終於平息下來的時候，牛奶灑了一地，桶和凳子已經被摔爛了，牛和狗也都被狠狠的抽了一頓。

可憐的賓格根本不明白發生了什麼事。牠在很久以前就非常看不起這頭牛，到了現在，牠對這頭牛是徹底的厭惡了。牠決定放棄，甚至再也不出現在牠牛棚的門口，從那次開始，牠只看管馬，只出現在馬廄前。

牛是我的，馬是我弟弟的，而賓格從牛棚轉到馬廄，似乎意味著牠連我也放棄了，我們的日常聯繫也就此停止了。但是無論什麼時候出現危機，賓格就會出現在我的身邊，我也會出現在牠的身邊，似乎在小狗和主人之間的關係將伴隨一生。

在同年秋天的年度卡布瑞大會上，賓格又一次的充當了牧羊犬的角色。在這次比賽中有很多讓人眼花撩亂的獎勵，除了榮譽以外，最好的牧羊犬還

會得到兩美金的物質獎勵。

我因爲交友不愼，受了一個朋友的誤導，帶著賓格參加了比賽，比賽規定的日期到了，我早早的就把牛趕到了村莊外面的草原上。當時間到了的時候，裁判就會發出號令，說「去找牛」。當然，這也意味著牠必須把牛帶到我面前，帶到裁判這裡。

但是動物們有自己的想法。在整個夏天，牠們從沒有排練過，當鄧恩看見賓格的時候，牠認爲唯一要做的事情就是安安全全的回到牛棚裡去，而賓格也同樣認爲在牠的生命中唯一的任務就是向家那個方向全速的趕著牛跑。所以牠們很快的離開了草原，像狼在追趕鹿一樣，向兩英里外、返家的方向跑去，很快就從我們的視野中消失了。

這是裁判最後一次看見狗和牛。而獎金當然給了另外的參賽選手。

賓格對馬的忠誠程度已經到了無與倫比的程度了，白天牠在牠們旁邊跑來跑去，到了晚上牠就睡在馬廄旁邊。馬隊到哪裡，賓格也就到哪裡，任何事情都不能將牠從牠們身邊趕走。賓格的這種有趣行爲使後來發生的事情更加有意義了。

我並不迷信，從來不相信那些徵兆，但是這次發生在賓格身上的奇怪事情卻給我留下了深刻的印象，當時只有我們留兩個在德沃頓農場。一天早晨，我弟弟要去沼澤地區的小溪運乾草，來回的路程很遠，所以他早早就起程了。奇怪的是，這次賓格卻沒有跟隨牠們。我弟弟叫了牠很多回，但是牠總是靜靜地站在哪裡，斜著眼注視著馬隊，一動不動。突然牠伸長牠的鼻子，發出了一聲長長的、憂鬱的叫聲。牠一直目送著車隊，直到看不見了，甚至還跟出去了一百多碼的距離，還時不時發出悲痛的叫聲。

隨後牠一整天都待在穀倉，這也是牠唯一一次主動和馬分開，每隔一段時間牠都會發出悲痛欲絕的嚎叫。當時我自己一個人待在家裡，而賓格的行

爲讓我產生了不好的預感，隨著時間的推移，這種預感也越來越強烈。

大約在六點鐘左右，賓格的叫聲讓人再也無法忍受了，所以連想也沒有多想，我就拿起東西向牠扔了過去，命令牠離開。但是，當時我已經充滿恐懼了。爲什麼我要讓我弟弟獨自上路呢？我還能看見他活著回來嗎？從賓格奇怪的舉動中，我知道可能有什麼事情要發生了。

最後，當弟弟馱著獵狗約翰，牽著馬回到家時，我這才放鬆下來，故意裝做沒事似的問了一句，「還好吧？」

「還好。」他非常簡短的回答我。

誰能說沒有預感這回事呢？過了一段時間，我向一個在靈異方面很有造詣的人說起了這件事，他神情沉重地問：「賓格在危機來臨的時候轉向了你？」

「是的。」

「那麼不要笑。那天處於危險之中的是你；牠待在你的身邊，保護你的生命，儘管你從來不知道發生了什麼事情。」

在早春的時候，我開始教育賓格。沒過多久，牠就又是我的賓格了。

在我們的農舍和卡布瑞間，綿延兩英里的草原中間是農場的角落樁；那是在打在比較低的土墩上的柱子，從很遠的地方就可以看見。

不久後，我發現賓格在經過這個地方時，總是會仔細觀察這根神秘的柱子。後來我瞭解到，原來這個地方經常有狼群和周邊地區的狗們出沒，最後借助望遠鏡，我做了一系列的觀察，有助於我更瞭解這件事情，同時也讓我更深入的認識賓格的私人世界。

柱子在犬科類動物之間是一種共識性的簽到方式。牠們那精確的嗅覺系統透過痕跡，立刻就可以分辨、追蹤在柱子周圍有什麼其他的東西。而在下雪的時候，會發現更多的東西。然後我發現這個柱子是整個大系統的一部分；簡而言之，整個地區是一個信號站。牠們用非常明顯的柱子、石頭、水牛頭骨，或者在牠們喜歡的地方偶然找到的其他東西做標記。透過長時間的觀察，我發現這是一個獲得和提供消息的完備系統，每條狗或者狼在那些信號站總是要叫一聲，想知道誰在牠們附近，就像一個人回到鎮上的俱樂部，總是會先看看登記冊一樣。

我看見賓格來到柱子跟前，聞了聞，在周圍轉了轉，然後嚎叫，這時牠的鬃毛豎立，眼睛炯炯有神，開始用牠的後腳拼命的挖地，到最後離開的時候，四肢已經非常僵硬了，但還是一步一回頭。這些所有的過程，我們都可以把它翻譯出來：

「哈！狼！這裡有麥克凱瑟的毛。狼！我今天晚上要看看你，狼！狼！」

還有一回，在開始之後，牠突然對來來回回的小狼蹤跡非常感興趣，總是自言自語的說著話，我給大家翻譯一下：

「小狼的蹤跡是從北方來的，我聞到了死牛的味道……是眞的嗎？普爾烏絲的老斑點最後一定死了……這個倒是値得一探究竟……。」

還有幾次，牠總是不停的擺動尾巴，在附近的地方跑來跑去，來來回回，讓自己的痕跡更加明顯，可能是爲了讓牠剛從布蘭頓回來的弟弟比爾更容易找到牠吧！所以絕非偶然。一天夜裡，比爾果然出現在賓格的房門口，然後牠們到了山上，那裡有爲了慶祝牠們的重聚而準備的美味馬屍體。

有的時候，牠會突然被傳來的聲音驚醒，開始追蹤，跑到下一個信號站獲取更多的資訊。

有時，從牠的發現中，牠的表情非常沉重，似乎自言自語的說：「親愛的，我怎麼了，這個到底是誰呢？」或者可能是：「我好像聞到去年夏天在坡緹支遇到的那個傢伙了。」

一個早晨，在靠近柱子的時候，賓格的每個毛髮都聳立著，牠的尾巴下垂，不停的顫抖著，牠的樣子告訴我牠的胃非常不舒服，這是恐懼的標誌。牠不想再追查下去了，也不想知道更多的情況，就轉身回家了，半個小時以後，牠的鬃毛還是豎立的，牠的表情是憎恨或者害怕。

我仔細研究了一下這次令牠害怕的追蹤，知道在賓格的語言中，處於半驚恐狀態發出咯咯的聲音，意思是大灰狼。

這些都是賓格教給我的東西。在後來，我有時候會看見牠從馬廄門前結霜的窩裡醒來，然後伸伸懶腰，甩甩身上的積雪，消失在黑暗之中。

我經常會想：「哈！老狗，我知道你要去哪裡，爲什麼你要避開小屋的庇護？現在我知道你爲什麼要穿過村莊，以及你是如何知道你要去的地方有你想要的東西，我還知道你會在什麼時候、用什麼方法去找到它們。」

在一八八四年的秋天，德沃頓農場的小屋被關閉了，於是賓格搬了家，搬到了高登·懷特——我們最好的鄰居家的馬廄，而不是屋子裡。

在牠還是小狗的那年冬天裡，牠就特別喜歡進屋子，特別是雷電交加的時候。牠在心裡對打雷和槍聲有一種恐懼——毫無疑問，對於雷聲的恐懼是起源於對於槍聲的懼怕，而對於後者的恐懼，則是因爲有幾次不愉快的被射擊經歷，這我也都親眼目睹了。

即使是在最寒冷的夜裡，牠的床還是在馬廄的外面，我們可以看出牠非常喜歡夜晚，因爲只有到了晚上，牠才有完全的自由。

賓格到了晚上，經常會到幾英里以外的地方蹓躂。我有許多證據可以證明這一點。有一些住的非常遠的農夫捎話來告訴老高登，如果牠再不看管好牠的狗，牠們就要用槍了。賓格很怕槍，說明這些威脅不是沒有意義的。一個住的非常遠的人說他在一個冬天的夜裡，看見一頭巨大的黑狼在雪地上殺了一隻小狼，但是後來他又說「猜想牠一定是懷特家的狗」。無論什麼時候，有牛或者馬被殺死時，賓格肯定會在夜裡出現，趕走草原狼群，獨自享用大餐。

有時牠們夜晚襲擊的主要目標是傷害比較遙遠地區的狗，儘管可能有遭報復的危險，但是似乎沒有理由害怕賓格這個種族會被滅絕掉。一個男人曾說他看見一匹草原狼尾隨著三匹小狼，那頭大的似乎是牠們的爸爸，牠除了體格大、全身是黑色以外，還有就是在鼻子周圍有一圈白色的環紋。

不論那些傳言是不是眞的，我知道在三月末，當我們乘著雪橇出去，賓格在後面跟著小跑時，一匹草原狼在中途出現了。賓格一開始全力的追逐，但是這隻狼並沒有使出全身解術來掙脫，跑了一會兒，賓格也不再追了，非常奇怪，沒有爭鬥、沒有戰爭！

賓格非常友善的跑到牠的旁邊，開始舔狼的鼻子。

我們看得目瞪口呆，命令賓格繼續追趕。我們的叫喊聲和漸漸縮短的距離使狼再度逃跑，賓格又開始追擊，直到牠壓倒在狼的身上，但是在整個過程中，牠的親切舉動都是顯而易見的。

「那是一匹母狼，賓格不想傷害牠。」當我們漸漸瞭解眞相的時候，我開始向大家解釋。高登說：「天，我眞該死。」

所以我們叫回了我們極不情願的狗，然後繼續前行。

這件事情過後的幾個星期，我們發現一匹草原狼殺死了我們的許多隻雞，並從後面的房間裡偷走了幾塊豬肉，還嚇到了從窗戶往外看的孩子好幾次，我們非常惱火。

賓格沒有趕走這隻動物，似乎沒有起到牠保護的職責，難逃其咎。最後那匹狼被奧利弗殺掉了，而賓格對奧利弗表現出了極大的敵意，因爲他就是殺死那匹母狼的罪魁禍首。

一個人和牠的狗如果可以不畏艱險的互相依賴是非常動人、非常美的一件事情。巴特勒講了一個位於遙遠的北部印第安部落的故事。一條狗屬於一個主人，但是卻被主人的鄰居殺死了，因此這兩個幫派就開始互相殘殺，最後整個部落滅亡了；在我們中間，也有訴訟、戰爭、世仇，都是重複上演著這個古老的故事，它的故事主題就是：「愛我，就要愛我的狗。」

我們有一個鄰居有一條非常好的獵犬堤安，他認爲他的獵犬是世界上最好、最棒的狗。我愛他，所以我愛他的狗。有一天，可憐的堤安慢慢的蠕動著，身上有多處傷痕，最後死在了門口。我和牠的主人開始復仇，一起追蹤那個卑鄙無恥的人，不僅提供懸賞，同時收集各種證據。最後結果是懷疑三個去南方的人對老堤安下了毒手。事情逐漸清晰，我們本應該對那些謀殺可憐的老堤安的兇手進行審判。然而事情的發展改變了我的想法，讓我相信殺死老獵犬的絕不是那個不可饒恕的罪犯。

高登．懷特的牧場在我們的南面，有一天，高登知道我正在追蹤兇手，就把我帶到一邊，看看四下無人，在我耳邊說：「是賓格幹的。」

事情一下子急轉直下。我承認在那個時刻，我竭盡全力想阻止審判繼續進行下去，即使在此之前，我還一直都在竭力爭取著。

我已經讓賓格離開很久了，但是一想起來仍感覺我還是牠的主人，我們之間的感情從沒有消失過。不久，人和狗之間割不斷的友情再一次在牠身上得到了證明。

老高登和老奧利弗是非常好的鄰居和朋友；他們一起伐樹，一直到冬末都合作的非常愉快。然後老奧利弗的老馬死了，他決定物盡其用，把馬拉到草原上，撒上毒藥成爲誘殺狼的餌。唉，可憐的老賓格！牠過的就是像狼一樣的生活，儘管這種生活一次又一次使牠置身於狼的不幸遭遇之中。

牠和其他野生物種一樣，非常喜歡死馬的屍體。那個晚上，牠和懷特自己的狗可利一起來到屍體旁邊。賓格似乎忙於防止狼群的侵襲，可利卻自己享用了一頓大餐。留在雪地上的痕跡告訴了我們這個宴會的故事；在中途毒藥就開始發作，在回家的路上，伴隨著痛苦的痙攣，可利抽搐著倒在了老高登的腳下，痛苦萬分的死去了。

「愛我，就要愛我的狗。」任何解釋或者道歉都不能被接受；強調這是一次意外也是毫無用處的。在賓格和老奧利弗之間長期的夙仇，就像一盞路燈一樣讓你難忘。至此，森林協議到此終結，所有的朋友關係蕩然無存，現在是仇人見面分外眼紅，為了可利，他們幾乎是兵戎相見了。

賓格也是花了幾個月的時間才逐漸康復的。我們相信牠再也不是原來那個強壯的賓格了。但是當春天再次到來的時候，牠又有力量了，恢復得越來越好。在幾個星期之內，牠已經又是那個渾身充滿力量和精力，讓牠的朋友們為之自豪，讓牠的鄰居們為之厭惡的賓格了。

在一八八六年，我從馬尼托巴回來以後，我的外表有了一些改變，而賓格還是懷特家的一員。我以為牠已經忘記我了，因為我畢竟離開了兩年，但是牠沒有。冬天的一個早上，在迷路了四十八個小時以後，牠終於回到了懷特家，一個套狼的夾子和一個非常重的木頭夾在牠的一隻腳上，那隻腳已經凍僵了。沒有人敢靠近牠、幫助牠，因為牠的樣子非常兇殘。當時我對牠來說是一個陌生人了，但是我彎下腰，將夾子從牠的腳上和腿上取下來。突然，牠咬住了我的手腕。

我沒有掙扎，說：「賓格，你不認識我了嗎？」

牠沒有咬傷我的皮膚，立刻鬆開了嘴，然後沒有再做任何抵抗，儘管當我拿下夾子的時候，牠一直都在嗚咽。牠還知道我是牠的主人，儘管牠變換了住址，儘管我曾離開過很長的一段時間，儘管我放棄了做牠主人的權利，但是我還是感覺的出牠仍是我的狗。

賓格被帶進了屋裡，雖然這違背了牠的意願，但是我們必須給牠已經凍僵的腳解凍。在後來的時間裡，牠走起路來都一瘸一拐的，牠的兩個腳趾凍

掉了。但是，當天氣開始轉暖以後，牠的健康狀況和牠的力氣又完全恢復了，乍一看根本就看不出牠曾有過那次可怕的經歷。

在同一年冬天，我抓住了很多的狼和狐狸，牠們沒有賓格那麼幸運，能夠逃脫我在陷阱中設置的彈簧，捕獲這些動物即使不爲了牠們的皮毛，能得到一筆獎金也是好的啊！

甘迺迪平原是一塊設置陷阱的好地方，因爲在樹林和部落之間人跡罕至。我很幸運地在那裡得到了很多動物的皮毛，在四月末，我總要騎馬經過那裡，到那裡去轉一轉。

捕狼的陷阱是用一根很重的鋼筋和兩根彈簧做成的，每個也有上百磅重。牠們被放置在掩藏好的誘餌旁邊，牢牢的固定在藏好的木頭上，然後用棉花和沙子蓋在上面，外表根本看不出來。

一頭草原狼被抓住了。我用一根棍子殺了牠，把牠扔在了一邊，然後又重新設置陷阱，因爲在以前我已經重複過上百次，所以一切很快就做完了。我把扳手扔到了小池塘裡面，看見附近有一些沙子，所以我取了一捧，想放在上面，完成佈局。

噢！多麼不幸的想法！噢！太掉以輕心！那堆沙子下面就是一個陷阱，馬上我就成爲了一名囚徒。儘管沒有受傷，因爲陷阱沒有齒，而且我厚厚的手套減弱了枷鎖夾住的程度，但是我的手被牢牢的拷住了。沒有太害怕，我用右腳勾到扳手，盡可能伸到最長的程度，臉朝下，儘量讓我被拷住的手伸的又長又直。我無法同時看見又勾到，但是通過數我的指頭，我知道我已經摸到了腳鐐的小鑰匙了。我的第一次努力失敗了；我被困在鏈子裡面，我的腳趾沒有碰到任何金屬。我慢慢的擺動我的錨，但是又失敗了。然後經過仔細的觀察，我發現我離西面距離太遠了。我開始著手在周圍進行工作，用腳趾盲目的摸索，去發現鑰匙。這樣盲目的用我的右腳摸索著，我幾乎忘了我

的另外一隻腳，直到一聲尖尖的叮噹聲，第三個鐵鉗牢牢的扣住我的左腳。

當時我首先感受到是恐懼，隨後很快我就發現我所有的努力都是白費的。我不能從這個陷阱中逃出去，也不能移動這個陷阱了。我躺在那裡，被牢牢地困在地上。

現在的情況是如何呢？因爲寒冷的季節已經過去，所以不太會有凍僵的危險，但是甘迺迪平原除了冬季的伐木工人以外，從沒有人經過這裡，也沒有人知道我去了哪裡，所以除非我自己設法逃脫出去，否則根本沒有生還的機會了，我可能會被狼群吞沒，或者被凍死和餓死。

我躺在那裡，看著太陽一點一點從西方落下，離我幾尺外的雲雀在土墩上唱著快樂的歌，就像在我們房門前的雲雀一樣。儘管我的手臂已經失去了知覺，寒冷已經包圍了我，但我還是注意到牠的小絨毛耳朵有多長。我的思緒飛轉，彷彿又回到了懷特家溫暖、舒適的晚餐桌旁，我想他們現在可能正在煎豬肉，或者剛剛坐下。

我的小馬駒還在那裡靜靜的站著，因爲我把牠放在那裡，牠正在耐心的等著將我載回家。牠根本不知道已經耽誤了很長的時間，當我叫牠的時候，牠停止吃草，無言的看著我，非常的無助。如果牠能自己回家，空馬鞍可能可以告訴別人我出事了，也許我就能獲救。但是牠太忠心了，牠會一直等下去，直到我凍死、餓死。

我忽然想起老格如這個捕獵手是如何失蹤的，到了第二個春天，他的同事們才在一個捕熊的陷阱裡發現了他的腿的骨架。我現在想著我衣服的哪個部分可以在將來證明我的身份。這時一個新的念頭跑到了我的腦海裡，當一頭狼掉到陷阱裡的時候，牠會有什麼感覺？哦！我多麼應該爲牠們的悲慘處境負責啊！現在我已經得到報應了。

夜幕逐漸降臨了。我聽到了狼的嚎叫聲，我的小馬駒豎起牠的耳朵，慢慢的靠近我，低著頭。這時又一隻狼開始嚎叫，另外還有一隻，我知道牠們正在附近的地方聚集著。我趴在地上，感覺到一種絕望，如果不出意外，牠們會過來，然後將我撕得粉碎。

在我意識到牠們已經在我附近的時候，牠們已經叫了半天了。是我的馬首先發現了牠們，牠恐懼的鼻息聲一開始還把牠們嚇得往後退，但是後來牠們離我越來越近，然後坐在我的四周看著我。不一會兒，一個膽子大一點的緩慢地往前走，拖著牠已經死去的親人的屍體。我大叫了一聲，牠噤了聲。我的馬已經嚇跑了。很快的，狼又回來了，就這樣反覆進退了幾次之後，那隻狼拉著的屍體在幾分鐘之內就被其餘的狼給吞沒了。

吃完之後，牠們離我越來越近，然後蹲了下來，看著我，膽子最大的那隻嗅了一下我的槍，在上面挖了一些土。當我用我的腳踢牠，並且開始大聲叫喊的時候，牠又退了退，但是當我越來越沒有力氣，非常虛弱的時候，牠的膽子更大了，牠走了過來，衝著我的臉嚎叫。其他的幾隻也走了過來，我想我可能要被我最蔑視的敵人生吞活剝了。

突然從黑暗空曠的大地上傳來了怒吼聲。草原狼四散奔逃，除了那個膽子非常大的，牠緊緊的盯著這個黑色的不速之客，但不一會兒牠就成爲了一具屍體。哦！太恐怖了！這個力量強大的畜生跳到了我的面前，是賓格——我親愛的賓格，用牠亂蓬蓬的頭碰了碰我，在我的身邊喘著氣，用舌頭舔我已經冰冷的臉頰。

「賓格——賓格——好孩子——把我的扳手拿來！」

牠走了，然後又回來，拖著我的槍，因爲牠認爲這就是我需要的東西。

「不——賓格——是扳手。」這次牠拿來的是我的肩帶，但是最後牠還是取來了扳手，牠高興的晃動著尾巴，好像在說這次對了吧！當我能自由活動的手拿到扳手以後，雖然費了好大的力氣，但是我還是鬆開了螺絲。陷阱分開了，我的手獲得了自由，一分鐘以後，我自由了。

賓格把馬牽了過來，慢慢的活動了一下，我可以上馬了。一開始我們慢慢的走，一會兒後我們就開始小跑，賓格充當傳令官，在前面邊跑邊叫，我們回家了。因為天馬上就要黑了，儘管在周圍沒有設置陷阱，但是賓格的舉動非常奇怪，牠嗚咽著，尋找木頭的痕跡。最後夜晚降臨了，儘管試著想留住牠，但是牠已經消失在夜色中了。因為有一種超乎我們之外的本領，牠可以在夜色中及時來到我出事的地點，並且解救了我。

忠誠的老賓格——牠是一隻很奇怪的狗。儘管牠的心是和我在一起的，但是第二天牠又離開了我，幾乎連看都沒有看我一眼，但當小高登要牠去捕獵的時候，牠的反應卻非常的積極。

就這樣一直到結束，牠都一直過著像狼一樣的生活，那是牠喜歡的生活方式。牠找到一隻被殺死的馬，再一次發現有毒的誘餌，然後狼吞虎嚥的吃掉；當感覺到疼痛的時候，牠不是去找懷特，而是來找我，牠來到了我的小屋門口，牠以爲我應該在那裡。

第二天我回來的時候，發現牠已經死在雪地裡了，牠的頭倒在我的門檻上——那是牠小時候的房門口；在牠的內心深處認爲自己自始至終都是我的狗——在牠最痛苦的時候，牠想尋求我的幫助，但是卻沒有找到。

【故事五】

溫可心　薩平寧菲爾德的狐狸

一個多月以來，母雞總是無緣無故地失蹤，我在暑假時回到了薩平寧菲爾德之後，第一個任務就是找到母雞失蹤的原因。我很快就找到了。家禽在休息之前或者離開以後總是一次丟失一隻，還留下很多痕跡，所以鄰居就被排除在外了；牠們不是從很高的地方被偷走的，所以不是浣熊和鷹；牠們不是只吃掉一部分，所以黃鼠狼、臭鼬和貂都被排除嫌疑了，因此這個被告一定在雷納德家附近。

伊瑞德爾森林裡的那棵巨大松樹就在河對岸，我仔細的觀察了一下沙堤，看見了狐狸留下的痕跡，還有我們的普利茅斯洛克小雞身上掉下來的一根帶斑紋的羽毛。爲了尋找更多的線索，我爬到更遠的岸上，聽到烏鴉的叫聲從我的身後傳來，轉過身後，看見了許多鳥正向著淺灘上的某個東西俯衝下來。這是賊捉賊那個古老故事的又一證明，因爲在淺灘中間是一隻嘴裡叼著什麼東西的狐狸——牠一定是剛從我們的穀倉回來，嘴裡叼著的肯定是另外

一隻母雞。而烏鴉，儘管牠們自己也是無恥的搶劫者，但是牠們卻叫喊著：「站住，你這個賊。」而且牠們似乎已經準備好只有拿到一定的賄賂，才能封住牠們的口，不再向外張揚此事。

現在開始了牠們之間的遊戲。如果狐狸要回到自己的家，就必須要穿過這條河，而現在牠已經完全處在這群暴徒的攻擊範圍之內。牠猛衝了過去，如果我沒有一起進攻的話，我想牠應該可以帶著牠的戰利品越過河回到家，但在我們強大的攻勢面前，牠不得不放下那隻半死的母雞，消失在樹林中了。

這次大規模的、經常性的橫徵暴斂出現，說明了一件事情，那就是在家裡有一窩小狐狸正在等著牠，我一定要找到牠們。

那天晚上，我帶上我的獵犬然格越過了小河，到了伊瑞德爾森林。當獵犬開始四處尋找的時候，我們就聽到叢林掩映的溪谷裡傳來了非常短，但非常刺耳的狐狸叫聲。然格立刻衝了過去，聞到了一股熱熱的味道，然後就直直的追了過去，直到牠的聲音消失在很遠的高地。

大約一小時以後，牠回來了，喘著粗氣渾身冒汗，因爲八月的天氣就像蒸籠一樣熱，然後倒在了我的腳上。

幾乎就在同時，同樣的狐狸聲音又傳了過來，依舊非常近，我的狗又竄了出去，開始了又一次的追逐。

在黑夜裡，遠遠傳來的狗吠聲就像霧號一樣，直直地向北方去了。低沉的布布聲，漸漸的變成了嗚嗚聲，然後變成了極小的哦哦聲，最後消失不見了。他們一定在幾英里以外了，因爲即使我把耳朵貼在地面上，也沒有聽到任何動靜。如果在一英里以內，應該非常容易聽出然格的聲音。

在黑森森的樹林裡，我焦急的等待著，突然我聽到了水流淌的聲音。

我從來不知道附近有泉水，在這個炎熱的夏夜，這是一個多麼好的發現啊！這個聲音將我引到了一棵橡樹的大樹枝旁，我在那裡找到了泉水的源頭。在這樣的一個夜晚，輕柔的、甜美的聲音唱起悠揚、動人的旋律。

這是一首貓頭鷹的泉水叮咚之歌。

這時，低沉的喘息聲和樹葉的沙沙聲傳了過來，然格回來了。牠已經累得筋疲力盡，舌頭伸的長長的，好像都快掉到地上了，嘴裡淌著白色的口沫，身體兩邊一起一伏的，泡沫滴到牠的胸口和兩側，變成一條一條的了。過了一會兒，牠不再大口喘氣了，牠舔了舔我的手，然後砰的一聲倒在了樹葉上面，淹沒了其他的聲音。

但是在幾步之遙，我們又聽到了窸窸窣窣的聲音，我完全明白了。

我們就在狐狸洞穴附近，老狐狸轉了那麼多個彎就是爲了把我們引開。

因爲已經是深夜，所以我們不得不回家了，但是我感覺謎底馬上就要揭曉了。

我們都知道老狐狸和牠的家人就生活在附近的地區，但是沒有人想到會是如此的近。這隻狐狸人們叫牠疤臉，因爲從牠的眼睛到耳朵後面有一道長長的傷疤；人們猜測說是因爲在獵兔子的時候被帶鉤的金屬籬笆給劃傷的，痊癒以後已經長出了白色的毛髮，但還是留下了非常明顯的痕跡。

在這之前我曾經遇見過牠，也曾領教過牠的狡猾。下了一場大雪以後，我出去打獵，穿過了一塊廣闊的平原地帶以後，來到了舊磨坊後面灌木叢生的山洞裡面。當我抬起頭看向山洞的時候，正巧看見一隻狐狸從另一面穿過來。我站著一動不動，甚至不敢低頭或者轉頭，以免被牠看見，直到牠消失在我的視野中，跑到山洞的底部去。等牠一藏好，我就出現了，牠應該在另一邊留了一個出口，我跑了過去，打算在另外一個出口處截住牠。那眞是一個等待的最佳時機，但是連個狐狸影子都沒有出現。仔細的觀察了半天，我發現在出口的地方有跳躍留下的新痕跡，順著這個痕跡，我看見疤臉正在我

後面很遠的地方，蹲坐在那裡，一臉的嘲笑。

後來經過分析我才弄明白了。其實，在我看見牠的時候，牠早已經看見我了，但是牠才更像一個真正的獵人，牠沒有揭穿這個事實，裝做什麼都沒有發生，直到消失。但是牠後來又跑到了我的後面，嘲笑我的小把戲，令我啼笑皆非。

在春天，我再一次的見識到了疤臉的狡猾。我和一個朋友順著高原牧場的路往前走。我們走到山脊三十英尺的地方，看見了幾個灰棕色的大石頭。當時離我很近的朋友說：「這三塊石頭多像一隻蜷起來的狐狸啊！」

但是我沒有看見，所以就穿了過去。我們還沒走多遠，這時一陣風吹過，這些石頭上有毛在動。

我的朋友說：「我敢肯定那是一隻狐狸在睡覺。」

「反正我們也快到了。」我回答道，於是又轉身往回走，但是剛往前邁了一步，疤臉就跳了起來，因爲是牠，所以才能跑的掉。

一場火將這個牧場的中央都燒光了，剩下一條黑色的地帶；牠連忙逃跑，直到跑到沒有燒到的黃草地區，牠蹲在那裡，直到我們再也看不見牠爲止。牠一直關注著我們的一舉一動，如果我們還在路上，牠就不會動一下。但它最了不起的不在於牠會僞裝成石頭和乾草，而是牠知道自己在做什麼，也知道如何從中獲利。

我們很快就發現疤臉和牠的妻子溫可心將牠們的家建在我們的樹林裡，而且我們的穀倉成了牠們的糧食供應地。

第二天一早，我又去松樹下搜索了一番，發現牠們在幾個月之內已經挖出一堆土了。那些土一定是從洞裡挖出來的，但是從沒有被人發現，因爲眾所周知，一隻眞正聰明的狐狸在挖一個新的洞穴的時候，雖然會把所有的土放在第一個洞口，但是還要掘一個地道通向較遠的灌木叢。然後封閉第一個洞口和這個太過明顯的門，最後只使用隱藏的非常好的灌木叢中的那個入口。

經過明查暗訪，我在小山的另外一側發現了真正的入口，而且有明顯的證據證明裡面有一窩小狐狸。

在山坡上的灌木叢中長的都是中間空心的椴木。它們傾斜的生長，底部有一個非常大的窟窿，到了頂端則會變的比較細小。

我們這兒的男孩子常用這種樹玩瑞士的孩子常玩的羅賓漢遊戲，踩著它鬆軟的內壁，非常容易就可以在洞裡面爬上爬下。牠們就要手到擒來了。

又過了一天，太陽出來，天氣比較暖和後，我又開始了我的觀察。我在樹頂上看見了這個生活在地下室裡的家庭。有四隻小狐狸，牠們看起來像小羊羔，毛茸茸的非常可愛，牠們有細長的腿、天真的表情，但是牠們尖尖的鼻子、犀利的眼神都一再告訴你，這些天真的孩子都是狡猾的老狐狸的傑作。

牠們玩耍著，沐浴在陽光裡，或者互相摔跤，但是當聽到一個輕微的聲響時，牠們立刻跑到了地底下。但是牠們的慌張是不必要的，因爲這個聲響是牠們的媽媽傳來的。牠從灌木叢中走出來，嘴裡還叼著一隻雞——我記得這是第十七隻了。牠發出了一聲低喚，小傢伙們滾了出來。然後我看到了非常有趣的一幕——但是我的叔叔肯定會不屑一顧。

牠們衝到了母雞跟前，彼此之間互相爭鬥著，這個名叫溫可心的母親在面對敵人時那雙銳利的雙眼，此時卻充滿了慈愛的光芒。牠臉上的表情與以往判若兩人，平常牠的表情都是野蠻的、狡猾的，而此時牠展露笑顏，不再殘忍和緊張，臉上不容置疑的表現出身爲一個母親的自豪和愛。

我隱藏的樹在灌木叢中，比那個洞穴的小山還要低。所以我可以來去自由也不會驚動這些狐狸。

很多天過去了，我每天總是會到這裡看看牠們，看牠們對年輕一代的訓練。最開始的時候，牠們一聽到什麼風吹草動，就會馬上一動不動，之後再細聽奇怪聲音的來源，或者查看引起驚恐的原因，然後跑到窩裡去。

一些動物的母愛會氾濫到連外人都可以獲益，從溫可心身上我們就可以看出來。和孩子們在一起時，牠的殘忍本性收斂了許多。因爲牠經常給牠們帶回活著的老鼠和小鳥，這種魔鬼般的仁慈使這些動物受到更嚴重的傷害，同時也給了牠的孩子們更大的空間可以去折騰牠們的獵物。

有一隻旱獺生活在小山上的果園裡，牠長的既不好看，也很無趣，但是牠知道如何保護自己。牠在一棵老松樹的根部挖了一個洞穴，這樣狐狸就無法挖洞找到牠了。但是艱苦的工作並不是牠們的生活方式；牠們認爲智慧比苦幹要有意義的多。這隻旱獺每天早晨都會在樹樁上曬太陽，如果牠看見一隻狐狸在附近，牠會俯下身子，藏到牠的窩門口，而當敵人離牠已經非常近的時候，牠會躲在裡面很長時間，直到危險過去。

一天早晨，狐狸父母似乎覺得該讓牠們的孩子瞭解像旱獺這類的動物了，而果園裡的旱獺正好可以用於觀察教學。所以牠們夫妻倆一起來到果園的籬笆旁，旱獺老卡克還在牠的樹樁上，根本就沒有發現牠們。然後疤臉在果園中出現了，牠在離樹樁有一段距離的地方靜靜走著，牠沒有轉頭，想讓隨時保持警惕的旱獺意識到自己被發現了。當疤臉經過這個地方的時候，旱獺飛快地跑到了洞口；牠等著狐狸走過，後來覺得還是謹愼爲妙，所以牠跑進了洞裡面。

這正是狐狸們希望的。溫可心看見旱獺進洞以後，飛快地跑向樹樁，然後藏在後面。疤臉繼續非常的緩慢往前走。旱獺一點兒也不害怕，一會兒牠伸出頭看看四周，只見狐狸越走越遠。當狐狸離開以後，旱獺的膽子更大了，牠又爬到了樹樁上，溫可心一躍，抓住了牠，直到牠躺在地上沒有了知

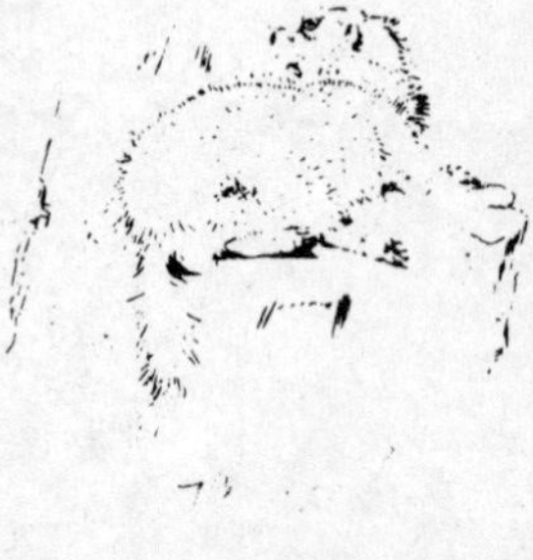

覺。疤臉從角落裡看著這一切，又開始往回走去。但是溫可心將旱獺叼在了嘴裡，向牠們的家走去，所以牠知道不用去幫忙了。

溫可心回到了牠們的家，一路上牠小心翼翼地叼著旱獺，所以當把牠放在地上的時候，牠還能掙扎一番。溫可心發出低低的叫喚聲，小傢伙們都跑了出來，就像準備玩遊戲的男學生一樣。牠把這隻受傷的動物扔在了牠們面前，牠們像四個復仇女神一樣，發出小聲的嚎叫，用牠們所有的力氣去咬，但是旱獺拼命地反抗，一次次的打退牠們的進攻，蹣跚地走到了一棵灌木叢避難。這些小傢伙像一群獵犬一樣追蹤著牠的痕跡，咬住牠的尾巴和身子想把牠拖出來，但是就是拖不動。這時溫可心將旱獺踏撲倒在地，再次把牠拉到了孩子們面前。這場殘酷的爭鬥一直持續進行著，直到有一個小傢伙被咬傷了，牠疼的直叫，這個叫聲激怒了溫可心，終於結束了對旱獺的折磨，終結了牠的生命，讓大家享用。

在離洞穴不遠的地方有個山洞，裡面長滿了草，這是個田鼠的王國。就是在這裡，小傢伙們離開牠們的家，開始學習森林知識的早期課程。在這裡，牠們第一次學習抓老鼠，所有的遊戲都很簡單。在教授過程中，最主要的事情就是舉例，通常還有與生俱來的本能做爲輔助工具。有時疤臉也會做一兩個示範動作。「躺著別動，注意觀察！」、「來，學著我做！」等等都經常使用到。

所以這個山洞變得非常熱鬧，一個很靜的晚上，狐狸媽媽讓孩子們躺在草叢裡不要動。不久後就傳來一陣吱吱的叫聲，顯然遊戲馬上就要開始了。溫可心站了起來，用腳尖點地，往前行走著——不是匍匐前進，而是像牠平常站立一樣的高度，有時牠會用後腿站立，這樣牠就有更好的視野了。田鼠都是在草叢裡面亂跑，所以非常隱蔽，知道哪裡有老鼠的最好方法，就是看哪裡的草在動，這也是爲什麼要在非常寂靜的時候捕鼠的原因。

捕鼠的竅門就是要確定老鼠的位置，先撲過去抓住，然後才眞的看見牠。溫可心突然一躍，在一堆枯草中間抓住了一隻吱吱叫的田鼠。

田鼠一會兒就被咬死了，這四隻笨笨的小狐狸也想學媽媽，但是到了最後只有老大抓住了牠一生中第一隻田鼠，牠興奮得渾身發抖，用牠珍珠般的乳牙狠狠地咬住了對方，這種天生的野蠻性情一定把牠自己也嚇壞了。

另外一個教學的故事是紅松鼠。這隻呱噪的、粗魯的傢伙就生活在附近，牠每天都要花很多時間站在某個安全的地方，大罵那些狐狸。小狐狸們早就想抓到牠，但是卻總是白費力氣，因爲牠穿過牠們待著的地方，從一棵樹跑到另外一棵樹，或者在牠們搆不到的地方罵牠們。但是溫可心卻不惱不火——牠知道松鼠的天性，所以只等合適的時機到來，一切都在牠的掌握之中。牠把孩子們藏好，平躺在空地上。這隻無禮、智商非常低的松鼠又出現了，牠像往常一樣開始大罵。但是溫可心還是一動不動。松鼠走的更近一些，最後幾乎跑到牠的頭頂上叫道，「你，多麼殘忍！你多麼殘忍！」

但是溫可心還是一動不動，就像死去了一樣。這非常令人困惑，所以松鼠從樹上跳了下來，看了看四周，然後穿過草叢，跑到了另一棵樹上，在另外一個安全的地方開罵。

「你，多麼殘忍！你，多麼殘忍！」

但是溫可心還是平躺著不動，沒有任何的生命跡象。對松鼠來說，這眞是太有挑逗性了。牠本性就非常好奇，喜歡比較刺激的事情，所以牠又來到了空地，跑到了比上次還要近的地方。溫可心還像死了一樣，一動不動；眞的，牠似乎已經死了。這些小狐狸們非常納悶，不知道媽媽是不是睡著了。

但是松鼠這種魯莽的好奇心將自己逼進了一個瘋狂的境地。牠朝溫可心丟了一塊樹皮，幾乎已經用盡了所有惡毒的語言；牠又做了一遍，溫可心還是沒有任何活著的跡象。所以在跳了幾回以後，牠冒險來到了溫可心旁邊幾

步的地方，想看個仔細，只見溫可心突然的跳了起來，一眨眼之間，已經將松鼠牢牢的按在了地底下。

「小朋友們，挖出牠的骨頭！」

這就是小狐狸的教育入門課程，後來隨著牠們逐漸長大，身體變得更加強壯後，牠們被帶領到更遠的地方，開始學習在較高的樹枝上跟蹤。

針對每種獵物，牠們都被傳授一種獵捕的方式，因爲每種動物都會有一種特長，否則沒有辦法生存；同時牠們也會有一些弱點，否則其他的動物就沒有辦法生存了。松鼠的弱點就是愚蠢的好奇心；狐狸的弱點就是牠不會爬樹。對這些小狐狸所做的訓練就是充分利用其他動物的弱點來彌補牠們自己的弱點，這樣才能保證自己成爲強者。

從牠們的父母那裡，牠們學到了在這個世界裡狐狸們的生存法則。這些知識好像只能意會不能言傳，但是牠們和父母在一起學到的這些東西是非常

清晰明瞭的。狐狸們沒有說一句話，卻也教給了我很多東西，例如：

絕不在直直的小徑上休息。

相信你的鼻子，再用眼睛看。

如果順著風走簡直是傻瓜。

流淌的小河可以治癒很多疾病。

有蓋子的東西，不要輕易打開。

如果能留下彎曲的痕跡就絕不留下直的。

如果看起來非常奇怪，那就可能懷有敵意。

塵土和水可以驅散氣味。

不要在兔子窩裡抓老鼠，或者在雞窩裡抓兔子。

不要接近草地。

這些法則所表示的意義，小狐狸們已經完全記住了——像「千萬不要跟著你辨別不出的味道走。」多麼明智啊！因爲如果你不能辨別出牠的味道，那麼順著風，牠一定可以辨別出你的味道。

就這樣，牠們一個一個的掌握了牠們所生活的這片樹林中的鳥獸的習性，然後牠們可以和爸爸媽媽一起到外面去瞭解更多新的動物了。牠們開始學習分辨移動的動物的氣味。

一個晚上，媽媽把牠們帶到了一個空地，在空地上躺著一個奇怪的黑色的東西。牠讓牠們去聞，但是剛聞了一下，牠們的毛髮全都豎了起來，牠們渾身打顫。但是牠們也不知道這是爲什麼，只覺得全身都有一種刺痛的感覺，一種發自本能的憎恨和恐懼襲上心頭。溫可心把牠們全部的反應都看在眼裡，然後告訴牠們——「這是人的味道。」

期間，母雞還在不斷地失蹤。我沒有說出小狐狸們的巢穴。眞的，我想到這些小壞蛋的命運要比考慮母雞們的還多，但是叔叔已經非常著急，開始

用最惡毒的語言來批評我的森林知識。為了讓他高興，一天我帶上獵犬穿過森林，坐在山腰空地上的一個樹樁上，讓狗繼續往前走。幾分鐘以後，他叫了起來，所有的獵人都十分清楚這是什麼意思，「狐狸！狐狸！狐狸！在下面山谷裡有狐狸。」

過了一會兒，我聽到牠們回來了。我看見了那隻狐狸——疤臉——牠非常輕鬆的越過小溪。牠跑著，沿著淺水邊緣二百多碼的地方快跑了起來，然後向我走來。儘管看見眼底，但是我並沒有走下山，只是看著牠和獵犬。在離我十英尺的地方，牠轉過了身，然後背對著我。牠伸長了脖子，非常感興趣地看著獵犬的活動。然格順著蹤跡一路追趕過來，直到牠來到流動的小河跟前，這是殺手的氣味，牠感到非常的困惑。對於然格來說，只有一件事情可以做了，那就是在兩個岸邊來來回回的找，看狐狸是在什麼地方離開這條河的。

在我前面的狐狸稍微轉動了一下，想看的更清楚一點，牠像人一樣關注著在河邊轉來轉去的獵犬。牠離我非常近，近到我可以看見當狗出現的時候，牠肩膀上的毛是立著的；近到我可以看見牠肋骨下的心臟跳動，和牠黃色的眼睛發出的光芒。當然格被河流完全困住的時候，牠認爲這一幕非常可笑，幾乎不能靜靜的坐著了，牠高興的手舞足蹈，還用後腿站起來，讓自己看的更清楚。牠的嘴快咧到耳朵旁邊了，儘管根本就不是呼吸困難，但是牠還是喘了半天，或者是牠太高興了，就像一條狗似的又笑又喘。

老疤臉沉浸在巨大的喜悅當中，因爲獵犬現在沒有發現牠的蹤跡，即使到時候牠發現了，那牠也會因爲太疲倦而不能再追蹤牠了。

就在獵犬來到山上以後，狐狸安靜地跑到了樹林裡面。離我坐的地方也只有十英尺的距離，但是我吸了一口氣，沒有動，狐狸永遠也不會知道在牠的生命中有幾乎二十多分鐘都處在牠最害怕的敵人的火力範圍之內。然格本

來可以繼續追蹤的，但是我要牠停下來，雖然非常吃驚，但是牠還是停止下來，像羊一樣溫順的躺在我的腳前。

這齣喜劇在接下來的幾天都在上演，當然裡面也發生了一些變化。我叔叔看著日漸減少的母雞已經再也按耐不住，自己出去坐在空地的小土坡上。當老疤臉又看見河邊上的笨狗時，牠快速的跑了出來，我的叔叔沒有絲毫猶豫就向牠的後背開槍了，在這個時候，他露出了一個最後的勝利微笑。

但是母雞仍然在失蹤。我的叔叔異常的惱火，他決定親自領導這場戰爭。他在森林裡到處都撒上有毒的誘餌，並且相信我們自己的狗會幸運地不去碰那些東西。他對我的森林狩獵知識不屑一顧，每天晚上都要帶著槍和兩條狗出去，看看他能消滅什麼。

溫可心知道什麼東西是有毒的；牠總是能繞過這些東西，或者用非常蔑視的態度來對待它們，但是有一次牠卻掉進了一個夙敵——臭鼬的坑裡面，儘

管臭鼬後來永遠都沒有再出現了。原來老疤臉總是負責對付狗，避免牠們傷害自己及家人，但是現在照顧一家老小的責任全部都落在溫可心一個人的肩上，牠沒有時間毀掉留在路上的痕跡，並且必須隨時準備著迎接可能逼近的敵人。

結果是顯而易見的。然格根據留下的痕跡追蹤而至，獵狗斑點也宣佈發現了牠們的家，然後開始全力尋找。

整個秘密已經暴露，牠們的整個家庭將要滅亡了。我們雇了一個工人，他來到這裡，用鋤頭和鐵鏟打算把狐狸一家挖出來，當時我們和狗就站在旁邊。溫可心很快就在附近的林中出現了，把狗引到了河的下游，牠跳到了羊背上，然後甩掉狗的跟蹤。羊群被嚇壞了，跑了好幾百碼遠才停了下來，然後溫可心離開了，因爲牠知道有一條河，能讓狗聞不出什麼氣味，然後牠又回到了洞穴。小狗們因爲找不到痕跡而非常沮喪，牠們在周圍來來回回地尋找著溫可心，還想讓我們也離開巢穴去一同尋找牠的蹤跡。

這期間，工人派特一直都在用鋤頭和鐵鏟挖著。黃色的沙子被堆到了兩邊，一會兒就挖的快有一人深了。一個小時以後，他被急匆匆跑來的狗們嚇了一跳，後面是那隻老狐狸，原來牠一直都在附近轉來轉去。派特喊了一聲，「牠們在這兒！」

在洞底就是牠們的窩，四隻毛絨絨的小傢伙已經嚇壞了，牠們一直在往後躲。

我還沒有來得及說出口，致命的一鏟已經襲了過去，然後就是小獵犬的突然一撲，就這樣三條小生命結束了。第四個、也是最小的一個被我們抓住尾巴，才能逃離那群興奮不已的狗，得以保存性命。

牠發出了一聲尖叫，牠可憐的媽媽眼裡流著淚，卻無能爲力，牠已經離我們非常近了，本來是可以射殺牠的，但總是被小狗們無意的擋住而作罷，那群狗不知道為什麼好像總是夾在中間，牠總是可以引得牠們展開另一場沒有結果的追蹤。

被救下來的小傢伙被裝在袋子裡，牠靜靜地躺在裡面一動不動。牠的哥哥們已經被扔到牠們的小床上，用幾鏟黃土掩埋了。

我們不知為何竟有一種犯罪的感覺，所以回到家以後，就把小狐狸用鐵鏈鎖在院子裡了。沒有人知道牠為什麼還活著，但是我們的感情都發生了變化，沒有一個人同意殺死牠。

牠是一隻非常漂亮的小傢伙，長得不僅像狐狸、還像小羊。牠毛絨絨的外表非常像羊、非常天眞，但是你又可以在牠黃色的眼睛中發現羊所沒有的狡猾和殘忍。一有人靠近，牠就蜷縮起來，跑到自己的窩裡面，過了一個小時，當只剩下牠自己的時候，才冒險伸出頭來看看周圍。

我的窗戶現在代替了那個中空的椴木。那些母雞就在小狐狸的旁邊，在

下午的時候，牠們在俘虜附近蹓躂，突然鏈子響了起來，小傢伙向離牠最近的母雞撲了過去，本來可以抓住母雞的，但是因爲這條鐵鏈太短，把牠一下子拉住了。牠站了起來，跑到盒子的後面，到了後來，牠又進行了幾次突然襲擊，每次都測量好跳躍的尺度，在鐵鏈允許的範圍之內，有時偷襲成功、有時失敗了，總之牠沒有再被鐵鏈給拽回來過。

夜幕逐漸降臨了，小傢伙變得非常焦躁不安，偷偷摸摸的爬出箱子，但是一有聲響，就拖著牠的鐵鏈又爬回來，有時則因爲前腳被綁住了而非常惱火的咬著鏈子。突然牠停止不動了，好像在聽著什麼，然後抬起牠黑黑的小鼻子，用顫抖的聲音哭訴著。

這種情況重複了幾次，這期間牠非常擔心鐵鏈，總是轉來轉去。然後答案出現了，在遙遠的地方傳來了溫可心的叫喚聲。幾分鐘以後，木料堆上出現了牠的身影。小狐狸爬進了牠的箱子，但又立刻跑了出來，跑到了媽媽的

Slunk back into his box

面前，臉上充滿了欣喜。牠很快地咬住牠，想帶上牠順著來時的路，一起逃走。但是鐵鏈栓住了小狐狸，將牠硬生生從溫可心的嘴裡拽了回來，然後溫可心被開著的窗子嚇了一跳，躍過木料堆逃走了。

一個小時以後，小狐狸不再來回跑動，或者哭泣了。我定睛細一瞧，在月光下看見了牠媽媽的小小身體被放大成長長的影子，牠正在咬什麼東西——但是鐵鏈發出的叮噹聲一再的告訴牠，這是多麼結實的鏈條啊！而小傢伙正在享用著一杯熱飲。

我一出去，牠馬上就又逃開了，但是在箱子旁邊放著兩隻小老鼠，渾身是血，還是暖的，這是深愛孩子的母親給牠的兒子帶來的食物。到了早晨，我發現小狐狸脖子下方一兩英寸有特別亮的痕跡。

我穿過森林來到了被毀掉的洞穴，發現了溫可心留下的痕跡。這個可憐的母親，牠的心已經碎了，牠又來到了這裡，把牠孩子的屍體挖了出來。

現在躺在那裡的三隻小狐狸已經舔的非常乾淨，在牠們旁邊是兩隻我們家剛被咬死的母雞。新刨出的土已經說明了一切——這些標記告訴我，牠會一直守護在牠死去親人的身旁。牠帶來了牠們平常愛吃的東西——牠在夜裡捕獲的戰利品。牠曾經伸展著躺在牠們身邊，想像小時候一樣給牠們餵奶、餵食，給牠們提供溫暖，但是牠發現牠們柔軟的皮毛下是僵硬的身軀，牠們冰冷的鼻子依然沒有動靜，沒有任何的反應。

在地上留下了很深的肘、胸和後腿的痕跡，這些痕跡都說明牠曾經懷著巨大的悲痛躺在這裡，長久的看著牠的孩子，悲痛欲絕。但是從那次以後，牠就再也沒有回來過，因爲現在牠知道牠的孩子們已經死了，再也不能活過來了。

緹普，那隻被我們抓獲的俘虜，現在溫可心以將所有的愛全部傾注在牠的身上。狗兒們被放開，以保護母雞的安全。我們已經傭了人手，一旦發現老狐狸的蹤跡就立刻射殺——我也不反對這麼做，但是我希望永遠也看不見牠。

狐狸非常愛吃小雞的頭，但是狗卻不會去碰，所以我們把這些雞頭撒上毒藥，然後扔到樹林中；緹普被栓在通向院子的唯一一條路上，必須經過所有其他的危險以後，才能爬上木材堆。但是每個夜裡，我都可以看見溫可心在那裡照看牠的孩子，帶來新殺死的母雞，和牠一起玩遊戲。一次又一次，我總是能看見牠，現在牠又來了，因為不想聽到小俘虜發出抱怨的哭聲。

在被囚禁的第二個晚上，我聽到了鐵鏈的響動，我知道溫可心又來了。在小狐狸待著的窩旁邊，牠竟然挖了一個洞。這個洞已經非常深了，足以將牠的身子一半埋起來，牠把鐵鏈全都捲在一起，用土把它們埋了起來。然後牠想牠可以去掉這個鐵鏈了，牠叼住緹普的脖子，往木材堆上衝，但是牠還是硬生生的被拽了回來。

可憐的小傢伙，牠悲傷的嗚咽著，爬回了牠的箱子。過了半個小時，狗傳來了叫聲，牠們直直的追了出去，我知道牠們一定在追溫可心。牠們向北方奔去，那是鐵路的方向，牠們的叫聲逐漸聽不見了。第二天早晨，獵犬沒有回來，我們漸漸明白這是怎麼回事了。從很久以前，狐狸就已經知道鐵路是什麼東西了；牠們設計了好幾種方式來利用鐵路。一種是在被獵捕的時候，在火車到來之前，在鐵路上走長長的一段距離。氣味會被火車給沖散，同時還可能壓死追捕牠們的狗。另外一種方式更加可靠，但是也更危險，就是將狗引向火車前面一個高高的三腳架，這樣火車頭就能將牠們壓倒，牠們肯定會死無葬身之地。

牠們的把戲玩得非常嫻熟，後來我們發現了老然格的屍體，知道溫可心正在發洩牠復仇的火焰。

那個晚上，在斑點回來之前，牠又來到了院子，又殺死了一隻母雞，把它帶到了緹普面前，在牠的旁邊長長的喘了一口氣，因爲牠好像覺得如果牠不帶來吃的東西，牠就沒有飯可吃似的。

丟失的母雞洩露了我瞞而不道的行徑。我的同情心已經全都轉到溫可心母子身上了，我不想成爲另外一個兇手。第二個晚上，我叔叔親自巡邏，手裡拿著槍，大約一個小時過去了。天氣變得越來越冷，月亮被烏雲遮住了，他記起自己在別的地方還有一些重要的事情要處理，所以只留派特一個人在那裡。

但是派特是一個有點神經質的人，他在看守的時候精神高度緊張，變得坐立不安。突然聽見砰！砰！的響聲，我們猜想，肯定是火藥被點燃了。

隔天早晨，我們發現溫可心還是沒有放棄牠的小狐狸。到了第二個晚上，我的叔叔在站崗，因爲又有一隻母雞被偷了。一會兒黑夜裡響起了射擊的聲音，但是溫可心又逃脫了。再一次的嘗試伴隨的是再一次的開火，但是

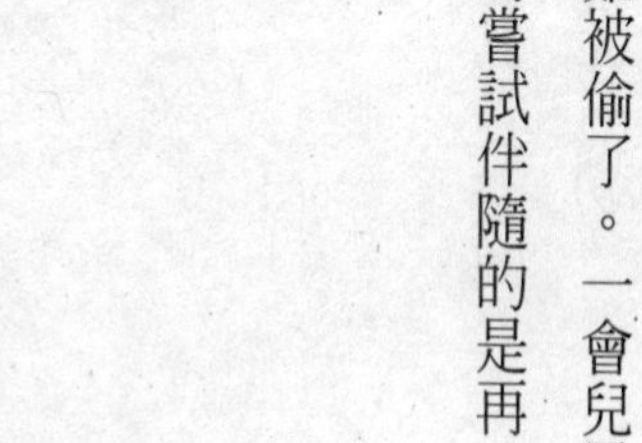

到了白天，我們發現牠又來過了，因爲那條鐵鏈更亮了，牠花了好幾個小時，希望可以咬斷這可恨的鏈子，但是卻徒勞無功。

這樣的勇氣和執著應該贏得我們的尊重。無論如何，在下一個晚上，沒有槍等著牠了，一切靜悄悄的。這有用嗎？經過三次射殺，牠還會給小狐狸送吃的東西，或者幫助牠獲得自由嗎？

牠會嗎？牠所做的一切都是源於母愛。這次只有一個人看著牠們，這是第四個晚上了，當小狐狸顫抖的聲音再次傳來的時候，在木材堆上的身影又出現了。

但是我們沒有看見牠帶來任何的家禽或者食物。難道敏捷的獵手最後失敗，空手而來了？難道牠沒有想到這次出現的代價，或者牠相信了這些人類會給兒子食物？

不，不是這樣。這隻野獸媽媽的愛和恨是眞實的。牠唯一想到的就是放牠兒子自由。牠想盡了一切辦法，每次都是歷盡危險，想將牠的孩子救出來，但是所有的努力都失敗了。

牠來了，過了一會兒，緹普叼住了掉下來的東西，開始津津有味的品嚐著牠帶來的食物。但是就在牠吃東西的時候，一種刀割般的痛苦湧了上來，牠禁不住呻吟出聲。然後掙扎了一下，小狐狸死去了。

在溫可心的心中，母愛是非常強烈的，但是有另一種想法卻更爲強烈。牠知道毒藥的厲害；牠知道毒藥的誘餌，如果緹普能自由地活著的話，牠會讓牠知道什麼是毒藥，然後教牠如何避開這些東西。但是最後，當牠必須爲牠選擇是做一輩子的囚犯，還是死去的時候，牠決定暫時熄滅心中的母愛，放牠徹底自由。

當大雪覆蓋大地的時候，我們仔細搜索了森林，冬天來臨了，我知道溫可心不會再出現在伊瑞德爾的森林了。牠不會告訴任何人牠將要去哪裡，但

是這次牠眞的走了。

走了，可能去遙遠的地方忘掉這段悲傷的記憶，忘掉在牠的生命中出現過的孩子和牠的愛人。或者牠永遠也走不出這段生活的回憶，於是牠就像許多野生動物的媽媽們一樣，用對待小狐狸的方式結束了自己的生命，最後牠們一家人終於可以在一起了。

【故事六】

領步的野駿馬

麥斯塔

喬卡隆把馬鞍扔在地上，一下子塵土飛揚，放開他的馬以後，轉身來到了屋裡。「時間快要到了嗎？」他問道。

「還有十七分鐘。」廚師看了一眼沃特伯里，覺得他就像列車司機一樣，時間儘管說的非常精確，卻不能判斷正確與否。

「在皮瑞德的情況怎麼樣？」喬的夥伴問了一句。

「就是太熱了，」喬說，「牛看上去還不錯；還有好多小牛。」

「我在羚羊泉流域看見了成群結隊的野馬，旁邊還有好多小馬，有一匹黑色的小馬漂亮極了；就像天生的領步人。我追趕了牠們有一、兩英里的距離，牠跑在隊伍的最前面，完全沒有打亂牠的步伐。如果我可以馴服牠，一定會鬆開牠的韁繩，把牠們趕到一起，看著牠步履淩亂的樣子。」

「一路上，你沒有吃什麼點心之類的嗎？」斯卡司有點不可置信的問道。

「還好，斯卡司。在我們最後一次打賭的時候，你不得不爬著走。我們現在如果再賭一次的話，你又有機會了。」

「查克！」廚師叫了一聲，話題就此中斷了。

第二天圍捕時的情況了變化，所以我們再也沒有提起過野馬的事情。

一年以後，在新墨西哥州的同樣地方，進行的是同樣的圍捕，我們再一次看見了野馬群。那頭黑色的小馬駒麥斯塔現在已經一歲了，牠的腿細長、均勻，牠的鬃毛在陽光下閃閃發光；看過牠的人沒有一個不爲之震驚——這匹野駿馬是個天生的領步人。

當喬看見牠的時候，也被震驚了。當時他只有一個念頭——這匹馬值得被人擁有。東部的人有這個想法好像不新鮮，但是在西部，一匹沒有經過調教的馬只值五美金，一匹普通的、經過馴化的馬是十五美金或者二十美金，所以一般的牛仔是不會要一匹野馬的，因爲野馬非常不好抓，就是抓住了也非常難以馴化。有一些牧場主人看見野馬的時候就會射殺牠們，因爲牠們不僅會搶佔普通牲畜的食物，而且還會把已經馴服的馬匹帶跑。那些被帶跑的馬匹就會在接下來的日子裡過著野生的生活，然後失去蹤跡。

喬卡隆知道一匹野馬的性子是根深蒂固，很難改變的。「我從來沒有看見過蛋清不是軟的，沒看到過紅棕色的馬不是精神高度緊張的，更沒看過被關起來的棗紅色的馬不是好馬的，而一匹黑色的馬就像釘子一樣難啃，這些都像是古老的格言。所以一匹被束縛住的黑馬就像被剝去皮的獅子一樣。」

因爲這樣，野馬就沒有任何價值了，而一匹黑色的野馬比這個還要慘上十倍，但是喬似乎執意要逮住那匹小馬，可是在那年他一直沒有找到合適的機會。

他只是一個每個月拿二十五美金的牛仔，還得拼命地工作。就像大多數牛仔一樣，他也希望有自己的牧場，還有自己的一套設備工具。他已經在聖達菲註冊了自己的烙印，但是只有一頭老牛身上印著這個印記，現在他已經

有了可以在沒有打上烙印的動物身上，印上自己標記的合法權利，他當然要盡力尋找了。

但是每次秋天發薪以後，喬總是無法抵擋誘惑的，會和男孩們一起進城裡「盡情的享受」。所以到現在爲止，他的財產只有他的馬鞍、他的床和他的老牛。他總是不停的幻想自己乾脆罷工算了，這樣他可以完全的重新開始，當這個想法冒出來的時候，那匹黑色的野駿馬就成爲他的希望，他需要的只是一個機會，一個能夠抓住他的機會。

圍捕活動沿著加拿大河呈環型包圍，最後到達了德昂卡羅山脈。當時喬還沒有看見過這隻領步人，雖然在牠還是一匹小馬駒的時候，他已經聽了很多關於牠的傳說，現在牠已經三歲，已經是一匹健壯的馬，自然關於牠的傳聞又更多了。

羚羊泉地處於一個海拔較高的平原的中部地區。當水位較高的時候，就

會圍繞著呈帶狀的莎草、形成一個小湖泊；當水位較低的時候，就會形成黑色的泥面，白色的鹽鹼鑲嵌在裡面閃閃發光，在中間還有泉眼。它們不流動也不外溢，只是保持原樣，要走非常遠的距離才能有這麼一個飲水的地方。

這個被叫做遙遠北部的地區，是麥斯塔最喜歡的地方，同時這裡也是牧場的牛群和馬群放牧的好地方。福斯特是經理人和牧場的合作經營者，他是個非常有事業心的人。他相信在這個地方的牧場可以畜養品種更好的牛和馬，他的經營策略之一就是養十匹混血母馬，這些混血的母馬身體高大、四肢勻稱、眼睛大而有神，跟牠們一比較，那些次等的牧牛馬就像三餐沒有著落、已經退化的不同種類生物一樣。

現在這些母馬只剩下一匹一直栓在牲口棚裡，其他九匹在牠們的小馬斷奶以後，都掙開韁繩跑掉了。

馬有非常好的識別食物方向的本能，那九匹馬當然就轉移到了向南方二十英里的羚羊泉這個地方。在那個夏末，福斯特在圍捕的時候，竟然發現了跑掉的這九匹馬，但是卻有一匹黑色的公馬和牠們在一起，保護著牠們，而牠臉上的神情絕不簡簡單單的是出自友誼。牠昂首闊步，像一個專家一樣指揮著一切行動，牠那黑玉色的外衣和牠的妻妾們金黃色的外衣形成了鮮明的對比。

這些母馬的性格非常溫順，本來要將牠們趕回家是非常輕而易舉的事，但是卻發生了出人意料的狀況。那匹黑色公馬變得異常激動，似乎正用牠狂野的本性在鼓舞著牠們的士氣，一下子往這個方向，一下子往那個方向，在整個峽谷帶領著牠們整個團隊來回奔騰。圍捕牠們的小牧牛馬則遠遠的落在了後面。

這眞是太瘋狂了，最後有兩個人端起槍，尋找機會幹掉那匹「該死的公馬」，但是他們始終沒有找到機會。就這樣一整天過去了，沒有什麼進展。

這隻領步者帶領著牠的家族，消失在南面的沙山了。而騎著疲憊不堪的小馬、垂頭喪氣回家的牛仔們，發誓一定要爲這次的失敗報仇。

最令人氣惱的是，像這樣的事情如果一再發生，會讓那些母馬有了和野馬一樣的野性，似乎就沒有辦法把牠們弄回來了。

科學家們在低等動物到底是用外貌還是用能力來吸引異性注意這個問題上，存在著不同的看法，但是無論他們靠的是什麼，可以肯定的是，如果一隻野生動物擁有不同一般的特質，那麼牠就會擁有一大群的追隨者。就像這匹傑出的黑馬，牠如墨一般的鬃毛，長長的馬尾，發射出綠色光芒的雙眼，統治著屬於牠的那片土地。牠的追隨者來自於許多的地方，現在牠的妻妾不少於十二匹馬了。雖然其中有些是品種比較低等的牧牛馬，但是那九匹母馬也在，牠們非常的惹人注目。根據報告指出，一旦有丟失的母馬在裡面，這些馬匹都會聚攏在一起，小心翼翼的提防著。不久後，牛仔們終於意識到，他們碰上了一匹很難對付的野馬，牠給他們帶來的傷害可能要超過所有其他損失之和。

在一八九三年的十一月，我在這個地方還是個初來乍到的人，我從皮納威托的牧場乘著貨車來到了加拿大河。我要離開時，福斯特送給我的話是：「如果你有機會看見那匹該死的馬，一定要幹掉牠。」

這是我第一次聽到關於牠的事情。我在路上找到了一個嚮導傑克，他可以講述當地的一些事情讓我知道。我對這個遠近聞名的三歲馬匹充滿了好奇，但是到了第二天，當我們來到了羚羊泉這片草原時，仍沒有看見領步者和牠的團隊的蹤跡，我心中不禁感到了一絲失望。

又過了一天，當我們穿過阿爾墨薩，正在往上走的時候，走在前面的傑克突然從馬上摔了下來，平躺在地上，他一骨碌爬了起來，說：「拿出你的槍，牠就在那兒——那匹公馬！」

我拿起我的槍，在平原山脊上匆匆地望去。那個馬群就在下面的山谷裡，在隊伍最後面的則是那匹偉大的黑色野駿馬。牠已經聽到了我們到來的聲音，但是卻一點兒也不擔心自身的安危。牠昂首站在那裡，尾巴垂得直直的，鼻孔張的大大的，簡直就是馬群中完美形象的化身，就像統治這片土地的高貴王者，當我看見牠的時候，突然覺得將這樣一匹馬變成一個屍體的想法非常可怕。儘管傑克一直在喊：「快點射擊」，我還是遲遲沒有動手。從此我和傑克之間的分歧產生了，他總是很魯莽地行事，咒罵著我的行動緩慢。「把槍給我！」當他拿起槍時，我把槍口抬高了一點，這時槍聲響起。

下面的馬群聽到了動靜以後，都警惕了起來，牠們偉大的黑色首領喘著粗氣，帶領著馬群衝了出去。牠們的馬蹄聲震的山谷隆隆直響，絕塵而去。

公馬一會兒向這個方向，一會兒向那個方向，但總是眼觀六路，耳聽八方，帶領牠的隊伍離開了。當我觀察牠的時候，發現不論什麼時候，牠都沒有打亂過自己的步伐。

傑克用西部的話來挖苦我和我的槍，還有那匹野駿馬。而我還一直沉浸在領步者散發出的力量與美的震驚中，如果不是爲了那些母馬，我可能會對牠開槍，傷害牠那閃閃發光的外衣。

想要捕捉野馬有好幾種方法。一種方法是擦傷——也就是用子彈擦過動物的脖子，這樣牠會一下子被嚇住，就跑不動了。

「是的！我看見過上百回打破脖子的動物，但是我從沒看見過任何野馬被打傷過。」這是喬的苛刻評語。

有時可利用地形將獸群趕進牲畜欄裡面；有時則可利用地勢捉到牠們，但是到目前爲止，最常用的辦法就是在速度上超越牠們，這雖然有些自相矛盾，卻是非常管用的方法。

這匹公馬的聲望不脛而走。牠從容的步態、如風的速度都被編成了一個又一個故事，在人們之間流傳著。當老蒙哥馬利來到克萊頓的威爾酒店時，有人聽見他表示過，如果這些故事是眞實的話，他願意出一千美金來保護他貨車車廂的安全。一群年輕的牛仔興奮異常，他們都希望可以贏得那筆獎金，希望立刻成交。喬也在密切關注著這筆大生意；他沒有時間去偷懶了，現在他將原來的工作都拋在了一邊，整夜準備著這場游戲所需要的工具。

他再次使用已經透支的信譽，再次要求他慷慨的朋友們伸出援手，這樣才將這次遠征的物品配備齊全，包括二十匹整裝待發的馬匹，一輛又髒又亂的馬車，還有夠三個人吃兩個星期的乾糧——當然，這些都是爲他自己、他的夥伴卡雷和廚師準備的。

然後他們從克萊頓浩浩蕩蕩的出發了，他們發誓一定要抓住那匹野駿馬。他們到達羚羊泉的第三天，大約在中午的時候，他們看見了黑色的領步者和牠的馬群到下面去飲水。喬一直都沒有現身，直到這些野馬都喝飽了以後，他才動手，因爲非常饑渴的動物跑起來要比灌滿水的動物快。

然後喬悄悄的往前移動。在還差半英里的時候，領步者發現了他，帶領著牠的隊伍向東南方的臺地跑去，不久就看不見了。喬緊緊的尾隨其後，再一次發現了牠們的蹤跡，然後回來命令廚子到南面的阿拉墨薩去。然後他向東南方奔去，繼續追蹤野馬的消息。大約一、二英里以後，他又看見了牠們，他悄悄的靠近牠們，但是又被發現了，野馬再一次的向南方跑去。一個小時以後，喬不再跟蹤牠們的蹤跡了，而是從小路包抄，又一次近距離地看見了牠們。當他靜靜地靠近時，還是被馬群看見了，然後又是再次的奔跑。就這樣度過了整個下午，但是牠們越來越向南走，當太陽快要下山的時候，正如喬所預料的，離阿拉墨薩不遠了。馬群就在附近，從追趕牠們開始，喬就一直駕著馬車，而他的同伴倒是非常輕鬆，一直乘著小馬在慢悠悠的追趕著。

吃過晚飯以後，馬車到了阿拉墨薩的上游淺灘，他們在那裡紮營。

這個時候，換卡雷一直在追蹤著馬群，牠們一開始並沒有跑多遠，因爲牠們發現追蹤者並沒有攻擊的意圖，所以也逐漸習慣他們的陪伴了。夜幕降臨，馬群更容易被發現了，因爲在馬群中有一匹銀白色的母馬。趁著月光，靠著馬能識途，卡雷沒有發出任何聲響，一直跟在馬群的後面。但是那匹見鬼的白色母馬，又一次的讓同樣情景再次發生，然後就消失在夜色之中了。他從馬背上下來，卸下馬鞍，將馬栓好以後，躺在他的毯子上面，很快就睡著了。

當第一縷曙光剛剛出現的時候，卡雷就起床了，在不到半英里的地方，他一下子就發現了牠們，這當然應該歸功於那匹雪白的母馬。發覺他的接近，領步者發出了尖尖的嘶鳴聲，號召牠的部隊轉換成機動小組。但是在第一個臺地的時候，牠們停了下來，轉過身想知道窮追不捨的這群人到底是什麼來頭，他們到底想要幹什麼。牠們站在藍天下凝視了一會兒，然後似乎知道應該怎麼做，同時也知道自己的希望了。麥斯塔在風中像流星一樣飛過，開始毫不倦怠的奔跑、旋轉，那些母馬在後面緊緊地追隨著牠的身影。

牠們離開以後，繞到了西面，同樣的戲碼再次上演，飛奔、跟蹤、追上、再次飛奔，牠們快跑到中午時分時，已經快要到原來阿帕齊的瞭望哨所——布法羅懸崖了。喬就在那裡。一陣輕煙暗示卡雷準備去營地，他立刻掏出口袋裡面的小鏡子晃了晃，做爲回應。

喬輕快地爬上了山，騎著馬穿了過去，又開始追蹤。卡雷回到營地，準備吃的東西，開始休息，然後繼續向上游走去。

喬一整天都在一邊追逐、一邊計畫著，如果情勢所需，馬群就必須圍成一個很大的圈子。當太陽快要下山時，他來到了沃德交叉口，在那裡，卡雷牽著一匹新馬和食物正在等著他，喬仍舊保持冷靜，繼續追趕。在整個晚

上，他繼續追蹤著，到了深夜，因爲野馬已經有些習慣這些對牠們沒有什麼危害的陌生人，所以非常容易進行跟蹤；而且牠們因爲長時間的奔跑，已經非常疲倦了。因爲牠們所在地區的水草並不肥沃，一路上也沒有吃到什麼像樣的穀物，所以牠們緊綳的神經也稍微地放鬆了下來。牠們沒有什麼胃口，而且非常的渴。所以一碰上水源，牠們就盡可能地多喝水。喝太多的水會給長期奔跑的動物造成影響是眾所周知的；它可能會引起四肢僵硬，呼吸急促。喬仔細防止他的馬過度勞累，在晚上休息的時候，他和他的馬都還非常有精神，沒有感到倦怠。

在破曉的時候，他發現牠們就在附近，儘管牠們先跑了起來，但是並沒有跑多遠。這場戰鬥馬上就要分出勝負了，因爲一路的追蹤裡，最大的困難就是在頭兩、三天牠們比較有精神的時候。

在那個早上，喬隨時都在關注著馬群的一舉一動。大約在十點的時候，卡雷在喬斯山頂附近換下了他，那天野馬們只走了四分之一英里，牠們的精神已經大不如前了，現在牠們又開始向西移動。到了晚上，卡雷又換了一匹新馬，一如既往地進行追蹤。

又過了一天，野馬們現在跑起來已經不再昂首挺胸了，儘管黑色的領步者總是讓牠們振作，但是牠們離追蹤者已經不到一百碼的距離。

到了第四天和第五天，還是一樣的，現在馬群幾乎又回到了羚羊泉。到目前爲止，一切都在意料之中。追趕工作繞了一個很大的圈子，而馬車也跟著繞了一個小一點的圈子。野馬又回到了原來的地方，牠們已經疲乏不堪了；獵人們也回來了，可是他們卻精神奕奕的。到下午時分，馬群們一直沒有飲水，當到了泉水旁邊時，牠們才到泉水中痛飲了一番。對那些技術好的牛仔來說，這是一非常好的機會，因爲突然飲這麼多的水，對動物不啻是一種自殺行爲，幾乎使嗅覺和四肢處於痲痹狀態，所以說這個時候非常容易被套住，然後再一隻一隻的抓住牠們。

這裡只有一個意外，就是黑色的公馬麥斯塔，牠是這次捕獵的主要目標，但是卻好像是鐵打的一樣，牠現在的步履還是非常有力、敏捷、矯健，就像剛開始追捕時一樣。牠總是來來回回地圍著馬群轉動，不停地命令牠們，發出逃跑的警告。但是牠們已經筋疲力盡了。在晚上時讓別人可以一眼就發現牠們的那匹白馬，幾個小時之前掉隊了，牠已經沒有一點力氣了。那些混血馬似乎再也不害怕追捕的牛仔了，很明顯地，現在這個馬群都在喬的控制之中。但是只有一匹馬——牠就是追捕懸賞的對象，想要抓到牠似乎還非常困難。

這眞是令人困惑不解。喬的朋友們都非常瞭解他，如果他們看見他幹掉那匹公馬，是一點也不會吃驚的。但是喬卻沒有這種念頭。在這一個星期的追蹤過程中，他都在關注著這匹馬的一舉一動，但是卻從沒有看到他奔騰急

馳過。

他對這匹馬的喜愛日益增長，現在如果要他向這匹高貴的野獸射擊，那就像在射殺自己的坐騎一樣，他不忍下手了。

喬曾經問過自己是否還願意拿那筆可觀的獎金。能擁有這樣一匹馬無疑是一筆財富，他繁衍出的後代肯定都是領步者。

但是獎金還是非常具有誘惑性的——結束獵捕的時間已經快要到了。後來成爲最好的坐騎的那隻馬已經抓住了。牠是一匹具有東部血統的母馬，在平原長大。牠本來不會成爲喬的囊中之物，但是由於過度的虛弱而投降了。瘋草是一種有毒的植物，它就生長在這個地區，許多牲畜都不敢碰它們，如果有些動物嚐了的話，就會上癮的。這種植物有點像嗎啡，儘管動物在長時間內還可以保持清醒，但是牠會喜歡找這種草，直到發瘋而死。如果一隻動物瘋了，人們總是說牠們得了瘋草病。喬俘虜的這隻坐騎眼中現在就有一抹瘋

LOCO-WEED

狂的光芒，和專家描述的一樣。

但是牠非常矯捷、也非常強壯，喬選擇牠來完成最後的追逐。本來用繩索套住那些母馬是非常簡單的事情，但是現在已經不必要了。牠們已經和牠們的黑色首領分開，可以安全地被趕回家了。但是牠們的首領現在還是一副不能被馴化的模樣。喬因爲遇到了這樣一個強勁的對手而非常的興奮，一定要分出勝負。他用左手綁成一個漂亮的結，將套索扔出去，然後再拉回來。在第一次追捕的時候，他在離這匹公馬四分之一英里遠的地方看見了牠，他直直的向牠奔去。牠跑多遠，喬也就跑了多遠，牠們都竭盡全力，這時一群筋疲力盡的母馬四散奔逃，把他們分開了。穿過寬闊的平原，這匹新換的坐騎使勁地跑著，而那匹公馬卻還是保持著原來的步速，不急不慢的跑著。

這簡直難以置信，喬又放了一些馬刺，對著自己的馬大聲叫喊，其實這個時候喬的馬已經快要飛起來了，但還是沒有縮短牠們之間的差距。因爲麥斯塔在平坦的地方轉了個圈，然後向上奔去，穿過皀草臺地，向下穿過沙質平原，然後越過草地。草原狗大聲地咆哮了一會兒就藏到後面去了，喬趕了上來，簡直不敢相信自己的眼睛，那匹公馬已經逐漸處於領先地位了。喬開始詛咒牠，不停地鞭打自己的馬，希望牠能跑得再快一點，但是這匹可憐的畜生突然之間充滿驚恐，眼睛上下翻轉，拼命的搖晃腦袋，不斷地刨地——牠的腳陷入一個獾挖的地洞裡，倒在了地上，喬也摔到了一邊。儘管他的腳嚴重擦傷了，他還是想騎上自己已經發瘋了的牲口繼續追趕，但是這匹可憐的畜生已經不行了。

現在只有一件事情可以做，喬鬆開了肚帶，讓腳不再那麼疼，把馬鞍帶回了營地，而這個時候，領步者早已離開，消失了蹤跡。

這場戰爭不能說是完全失敗了，因爲現在所有的母馬都已經回來了，喬和卡雷小心地把牠們趕進棚裡，心中暗想這一定是筆不錯的收入。但是喬念念不忘的仍是那匹公馬。他已經看到牠是多麼的勇猛，心中暗自讚歎，現在他想的就是怎樣才能找到更好的辦法抓到牠。

在這次旅行中的廚子叫貝茨——他在郵局時，總稱呼自己是湯瑪斯·貝茨先生，他總是定期去取信和匯款，儘管信從來就沒有寄來過。男孩們都叫他老湯姆火雞路，因為這是他的牛身上的烙印，他說這個烙印在丹佛是有記載的，在北方不知名的某個草原上，有數不清的牛肉和配鞍的牲畜上都印有這個烙印。

當邀請他參加這次旅行的時候，貝茨對那些馬冷嘲熱諷了半天，說這些馬不用十二美金就可以買一打，在那年，這的確是千眞萬確的事情，而且他這個人也非常吝嗇。但是沒有人曾看見領步者落在瘋馬後面過。火雞路在經歷過這件事情以後，內心發生了變化，他現在想要擁有那匹野駿馬了。這種想法是怎麼產生的，他並不十分清楚，直到有一天有一個叫比利·史密斯的人來到農場，因爲他的牛身上的烙印，人們大多是稱呼他爲馬蹄鐵比利。當時雖然有上等的新鮮牛肉、麵包還有劣質咖啡，但是賣的最多的是桃乾和糖蜜，在這裡還可以獲得各種各樣的消息。

「沃爾，我今天看見領步者了，就在離我非常近的地方，近到我可以給牠的尾巴編個小辮子了。」

「那你爲什麼沒有開槍？」

「沒有，因爲我靠近牠的時候，感覺到牠非常的強大。」

「你不應該犯這種愚蠢的錯誤，」在桌子另一端的雙槍牛仔說。「看著吧！不出幾天，我就會讓那個傢伙身上打上我的烙印。」

「那你最好再敏捷一點，否則當你到達那兒的時候，你可能會發現牠的屁股上已經有一個三角形了。」

「你在什麼地方看見牠的？」

「是這樣的：我正騎在馬上穿過羚羊泉的平地，在經過乾泥漿的地方看見了一大塊東西。我以前從沒有看見過那樣的東西在那兒，所以我騎馬過去，心裡想那可能是我們的牲口，但是我看見的是一匹馬正在平躺著。風好像是從牠那個方向吹向我的，所以我騎得更近了一些，我看見的竟然是領步者，牠像一隻鯖魚一樣一動也不動。他靜靜的躺著，看上去沒有膨脹，也沒有受傷，我也沒有聞到什麼腐爛的臭味，我搞不懂這到底是怎麼回事。後來我看見牠的耳朵因爲一隻蒼蠅飛過來而忽然閃了一下，我才知道原來牠正在睡覺。我取下了繩子，把它打成結時看見它已經很舊了，時時刻刻都有斷的可能，我的馬鞍只有一個肚帶，我的小馬大約七百鎊，而那匹公馬卻有一千兩百多鎊，我對我自己說：不要白費力氣了，這只會弄斷我的肚帶，損失掉我的馬鞍。所以我乾脆就放棄了。我眞的希望你們也看看那匹野駿馬，牠身材高大，鼻息聲就像牠正在躲避汽車時發出的的聲音。牠的眼睛就像加利福尼亞的探照燈一樣突然掃了過來，而且牠總是能保持最初的行駛速度——我發誓不論牠走多遠的路程，都可以不用休息一下。」

這個故事講述起來並不十分連貫。人們因爲過分的關注，總是時不時的插問一兩句。但是這個記錄是完整的，每個人都相信他說的話，因爲大家都認爲比利是個可靠的小伙子。在所有的聽眾當中，老火雞之路可能是說的最少的，卻想的最多的一個，因爲這個故事給了他一個新的想法。

在吃過晚餐之後，他開始進行仔細的研究，決定他不能獨自行動。他把馬蹄鐵比利請到了他的房間，他們討論的結果就是在抓捕領步者的新冒險旅途中結成搭檔；也就是說，他會出五千美金，但要保障他在貨車車廂裡的安全。

羚羊泉依舊是領步者的水源。在莎草和泉水之間形成了一條寬寬的小路。這條小路因爲動物們常來飲水，把留下的痕跡都給打亂了。儘管牛們總

是毫不猶豫的在莎草上留下一條捷徑，但是馬和其他的野生動物卻總是隱藏著自己的蹤跡。

在經常出入的這些小徑中，這兩個人開始用鐵鍬挖了一個長十五英尺，寬六英尺，高七英尺的坑。對他們來說，這眞是一個艱鉅的工作，他們必須在二十個小時之內完成，因爲他們必須在野駿馬每次喝水的空檔時間裡完成這個任務，眞的是非常辛苦。然後用樹枝、刷子和土將這個坑隱藏好，他們到比較遠的地方躲了起來。

到了中午時分，麥斯塔來了，自從牠的夥伴們被抓走以後，牠就一直獨來獨往。小路另一面的小徑是不經常用的，老湯姆在上面扔了幾根新鮮的樹枝，想看看這匹公馬會不會從那一面過來，如果牠眞的從那個方向來，他們就必須使用不同的方法來對付牠了。

是不是有不眠天使整天守護著這些野生動物啊？儘管有成千上萬個理由

說應該走平常的這條路，但是領步者還是走了另一面。那些令人起疑的樹枝也沒有阻擋牠的腳步；牠慢慢地走到了水邊，開始飲水。現在爲了挽救失敗只有一個方法了；就是當牠低下頭第二次飲水時，老湯姆和比利不再使用他們的坑了，他們迅速的跑到了牠的身後，當牠揚起牠驕傲的頭時，史密斯向牠後面的地上開了一槍。

領步者保持著牠著名的優雅步態，直直地向陷阱衝了過去。再過了一秒鐘，牠就會掉到坑裡面去了。現在牠已經跑到小路上了，就當他們認爲肯定會抓到牠的時候，似乎又有神護佑在牠身邊，向他發出了我們人類不能理解的警告一樣，牠大步一躍，竟然跳過了十五英尺，毫髮無傷地絕塵而去了，從此牠再也沒有到羚羊泉任何一條被踩過的小徑上出現過。

喬從來沒有喪失過信心。他的意思是他一定要抓住那匹野駿馬，當他得知其他人也跟他一樣躍躍欲試時，他立刻決定嘗試一下迄今爲止還沒有其他人嘗試過的最好辦法——小狼可以抓住敏捷的雄兔，騎馬的印第安人可以趕上矯健的羚羊——一個老辦法就是接力追蹤。

在南面的加拿大河，在東北方的皮那威托，還有在西面的德昂卡羅山脈這塊三角地方就是領步者的王國。人們認爲牠從沒有離開過這個地方，而且羚羊泉就是牠的根據地。喬非常瞭解這個地區，他知道所有的水源、交錯縱橫的峽谷還有領步者出沒的路徑。

如果他能有五十匹上好的馬匹，他就可以把牠們放置在各個地點，但是事實上他只能得到二十匹坐騎，還有五個好騎手。

這些馬匹在兩個星期以前就開始用穀物飼料餵養了，喬走在前面，明確地告訴每個人他們應該怎樣執行他們自己這部分的任務，馬匹在開始捕獵前已經到達自己的位置了。喬和他的馬車出發了，來到了羚羊泉這個平原，在比較遠的一個小溝裡面紮營，等待時機的到來。

最後麥斯塔出現了，這隻黑色的野駿馬從南面的沙山中走了出來，還是獨來獨往。牠慢慢地走了過來，靜靜地轉了一圈，用鼻子嗅了嗅，想知道是不是有隱藏在暗處的敵人。然後牠在沒有什麼痕跡的路上走了過來，開始飲水。

喬觀察著牠的一舉一動，希望牠可以喝一大桶水。但是突然牠轉過頭，看了一眼草地，喬鞭打了一下他的戰馬。領步者聽到了馬蹄聲，然後看見一匹馬向牠飛奔了過來，牠沒有想到附近會有人，所以跑掉了。穿過平坦的陸地，牠向南跑去，依舊還是飛一樣的步伐，只是比剛開始時的步子要大了一些。現在牠越過了沙地的土丘，恢復了平常的步態，因爲喬的馬負擔過重，在穿過沙堆的時候總會陷進去，所以在追逐中逐漸落後了。他們之間的距離逐漸拉大，眼看著前面的野駿馬處於上風，喬的馬不敢用盡全力奔跑，所以幾乎是每一步都落後一點。

他們的追逐仍在繼續著，喬拼命的扔馬刺，用馬鞭抽打自己的坐騎。一英里——一英里——又一英里了，遙遠的阿瑞巴山脈隱隱約約出現在前面。

喬意識到新的坐騎已經置後了，他們加速奔跑著。但是領步者黑如夜色的鬃毛在風中立了起來，他們之間的距離越來越大。

最後到了阿瑞巴峽谷，牠就站在一邊，因爲不想改變比賽的情勢，這匹公馬越了過去——牠向下俯衝、穿過，然後跨上了斜坡，還是沒有打亂自己的步履。

喬騎著他已經口吐白沫的戰馬來到這裡，換上已經等在那裡的坐騎，然後不停的鞭打牠，越下斜坡，再跳上小路，來到了丘陵地帶，他又扔了很多馬刺，追趕、追趕、追趕著，但是他沒有縮短一英寸的距離。

清脆的鞭聲響徹雲霄，一個小時又一個小時過去了——在前面的阿拉墨薩就可以換新的馬匹了，喬大聲對他的馬吼叫著，驅趕著牠向前再向前。本來

一直向前跑的黑駿馬，在最後兩英里的時候，突然有種神秘的預感，開始向左邊跑去，喬預見到牠會逃跑，拼命地鞭打著那匹已經疲憊不堪的坐騎，不惜任何代價也要截住牠。他們這次比賽是最艱苦的一次，在每一次跳躍的時候，都只能聽見呼哧呼哧的喘氣聲和毛皮摩擦發出的尖叫聲。然後從右面抄近路，喬處於領先了，他端起槍，開始瞄準射擊，但總是打到土裡面，只爲了讓牠轉變方向，強迫牠往回走，在十字路口的時候向右轉，他們一路向下跑去。黑駿馬穿過去了，但是喬卻摔到了地上。他的馬已經累壞了，因爲在最後的一程中他們走了三十多英里，喬自己也已經累的不行了，他的眼睛讓飛揚的城土燒的發疼，幾乎都快半瞎了。他對他的同伴說：「往前，讓牠一直往阿拉墨薩淺灘跑。」

騎手騎著強壯的快馬像箭一樣飛了出去，他們繼續飛奔——穿過上下起伏的平原——麥斯塔身上也佈滿了像雪一樣的白沫。牠隆脹的肋骨和粗粗的喘氣聲都明顯的說明了牠已經非常累了——但是牠還是在沒有片刻停歇的奔跑著。

騎手湯姆開始處於領先地位，然後又一再的失利，經過一個小時，到了阿拉墨薩的時候，已經落下了長長的一段距離了。在這裡有另外一個小夥子開始繼續追捕，向西奔跑，他們穿過了草原狗的聚集地，越過了皀草區，仙人掌給他們帶來了一些阻礙，扎進去的刺在跑起來時非常的疼。塵土和汗水使黑馬身上留下一道道的棕色斑紋，但是牠還是像原來一樣的奔跑著。跟在牠後面的小卡瑞唐在最開始追趕的時候就已經打傷了他的戰馬，他現在還是不停的鞭打，想讓自己的馬抄小徑到一個急流峽谷，這樣領步者就可以後退，但是一個失足，他們摔了下來。

小卡瑞唐倒是非常幸運的沒有摔傷，但是小馬躺在那裡不能動彈，黑駿馬依然闊步前行。

越來越靠近老加利高牧場了，喬自己又從小路追了上來。在三十分鐘的

時間裡，他又發現了領步者的蹤跡。

喬看見遠處的卡羅山，知道那裡還有一個人和坐騎隨時待命，這個絕不屈服的賽跑者如果想扭轉局勢，一定會這麼走。但是突然念頭一閃，可能是與生俱來的警覺性——領步者轉變了方向，牠突然向北方跑去，喬這個經驗豐富的牛仔騎著馬叫喊著，在後面不停射擊的子彈全部都落入了塵土之中。但是在一個峽谷，黑馬像流星一樣飛了過去，喬只能在後面緊緊的追隨。現在是比賽最困難的一段了：喬對麥斯塔不留情，也同時虐待著他自己和他的坐騎。太陽像個火爐一樣，快將整個平原烤焦了，他的眼睛和嘴唇讓沙子和鹽燒的發疼，但是這場追逐還在繼續著。只有把野駿馬趕回到大阿若尤的十字路口，才有贏得勝利的唯一機會。也就是在那個時刻，他第一次看見麥斯塔那疲乏的神態。牠的鬃毛和尾巴已不再揚得高高的了，剛開始的時候，短短的時間就可以跑半英里的路程，現在已經大不如前了，但是牠依舊還是昂首挺胸的前進著。

一個又一個小時過去了，他們還在跑著，不斷地轉變方向。夜幕快要降臨了，大阿若尤淺灘就在前面——足足二十英里的路程。但是喬還在不知疲倦的追趕著，他換上了等在那裡的馬。他原來的那匹馬在小溪裡面喘著粗氣，開始大口大口的喝水，直到再也不能喝一口水的時候，倒在地上，死去了。

喬原本希望麥斯塔也可以這樣飲水，但是牠非常聰明，牠只飲一口，在穿過小溪的時候濺起的水花打在牠的身上，然後牠又繼續向前，喬只能在後面苦苦追趕。當他們最後看見黑駿馬的時候，牠依舊在前面，但是卻無能為力，喬的馬猛的撲了出去。

早晨喬徒步回到營地。人們很簡單的描述了關於喬的追捕故事：死了八匹馬——五個人累的筋疲力盡——無可匹敵的領步者安全地離開了。

「這根本就是不可能的任務，我做不到了。對不起，當我有機會的時候，

我卻沒有開槍。」喬說著，最後他不得不放棄了。

老火雞之路在這次追捕過程中一直給他們做飯。他和所有的人一樣都關注著整個過程，當最後以失敗告終的時候，他卻竊笑了。「如果我不是個愚蠢的傻瓜，那麼那匹野駿馬注定是非我莫屬。」然後因爲有例在先，所以他手捧《聖經》，開始在酒館裡發表慷慨激昂的演講。

對領步者的追捕比原來更兇猛了，但是這些追捕還是沒有把他從羚羊泉這個地方趕走。這個地方是在方圓一英里以內，敵人沒有辦法藏身的最佳飲水地點。每天在中午時分，牠都會出來，在仔細觀察了周圍的情況以後，才來飲水。

從牠的妻妾被抓走以後，麥斯塔整個冬天就一直獨自生活，這些情況老火雞之路已經充分瞭解了。老廚子的好朋友有一匹非常漂亮的棕色小母馬薩麗，他想應該可以派上用場，然後他準備了一雙最結實的足枷、一把鐵鍬、一個套索，還有一根結實的柱子，牽上那匹母馬，他們去了那條著名的泉。

在那天一早，三、五隻羚羊在牠前面時而越過，牛群在草地上靜靜的躺著，遠處傳來雲雀高亢、甜美的歌聲。經過了無雪的冬天，整個臺地已經復甦，春天已經近了。小草已經發芽了，整個大自然都萌發了愛意。

小母馬被牽到草地上吃著青草，牠偶爾會抬起鼻子嗅一下，然後發出長長的、尖尖的馬嘶聲，如果這是歌的話，那麼一定是一首愛情歌曲。

老火雞之路研究著風向，躺在地上，這裡有他早就挖好的一個坑，現在坑是敞開的，並灌滿了水，這些水足以把草原狗和老鼠之類的淹死。這是動物們新走出來的小路，如果追趕的話，牠們一定會掉到坑裡面去。他在一些光滑的草地附近選擇了一塊莎草繁茂的地方，打下了柱子，然後挖了一個足以藏身的大洞，把他的羊毛毯鋪在裡面。他縮短了小母馬的韁繩，直到牠幾乎無法移動，然後在地上放了已經準備好的套索，將長的一頭綁在柱子上，然後用土和草把露在外面的繩子蓋上，最後他回到了藏身地點。

到了中午時分，經過了長長的等待，從很高的地方傳來了對母馬情歌的回應，那是從西邊傳過來的，黑色的身體與天空形成對比，是牠，那著名的野駿馬。

還是原來快步如飛的步伐，麥斯塔跑了下來，但是牠求愛的技巧已經有了很大的長進，牠經常停下來吃草，發出嘶鳴聲，直到得到一個能觸動牠心扉的答案爲止。牠越走越近，突然有了一絲警覺，在附近跑了一圈，希望聞到敵人的味道，牠心存疑慮。牠的守護天使不停的對牠說，「不要過去。」但是這個時候棕色的母馬又呼喚了起來，牠靜靜的轉得更近了一些，又發出了馬嘶聲，似乎是要將內心的恐懼壓下去，牠心跳的如此之快，就快要飛出胸膛了。

麥斯塔走得更近了，直到牠用自己的鼻子磨蹭著薩麗的鼻子，牠多麼希

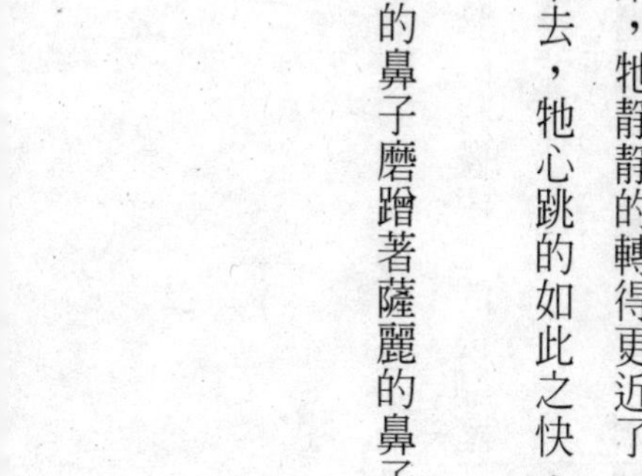

望能在牠身上得到一樣的反應，完全把危險的想法拋到了腦後，讓自己沉浸在征服的喜悅之中。當牠又一次昂首奔騰的時候，牠的後腳踏在已經設置好的圈套裡面，猛的一抽，套索被束的緊緊的，抓到牠了。

充滿恐懼的叫聲和不停的跳動，使湯姆有機會又多綁了兩個結。繩結不斷的勒緊，像蛇一樣緊緊地纏繞在馬蹄上面。

過了一會兒，麥斯塔不再恐懼了，開始努力地想要掙脫，但是繩子的另一端已經綁在柱子上，最後牠成了俘虜，一個沒有任何逃脫希望的囚犯。老湯姆那醜陋彎曲的小個子從坑裡爬了出來，現在他要馴服這匹極其顯赫的動物。這隻動物雖然充滿力量，但是在這個充滿智慧的老人面前，牠的力量被證明其實什麼也不是。憤怒的喘著粗氣，絕望的跳躍著，這個偉大的野性動物橫衝直撞，掙扎著希望獲得自由，但是所有的努力都白費了，繩子太結實了。

第二個套索熟練的套了過去，綁住了牠的前腳，然後使勁一收，四隻腳被捆在了一起，憤怒的領步者摔倒在地上。躺倒以後，被綁了一個結，牠無助地在地上掙扎著，直到筋疲力盡。牠在風中嗚咽著，眼淚順著面頰流了下來。

湯姆站在一旁，靜靜地看著這一切，一種奇怪的感覺席捲了這個老牛仔的心。他開始從頭到腳神經性的顫抖起來，這是連他在第一次獵捕的時候也沒有出現過的情況。在這個時候，他什麼也不能做，只能注視著他的囚犯，但是這種感覺很快就過去了。

他給小母馬配上馬鞍，拿著第二個套索，綁在黑駿馬的脖子上，當他放足枷的時候，把母馬留在了這匹公馬的頭前。很快完成了這些工作以後，老湯姆剛想鬆開繩索，但是突然止住了。他忘了，還沒有準備好一些重要的東西。西部的法律規定，野馬是第一個在牠身上打上烙印的人的私有財產；怎麼辦呢？就是最近的打鐵烙印店也在二十英里之外。

老湯姆走向他的母馬，拿起牠的腳看了看，仔細看了每一個馬蹄。好的！其中有一個已經有點鬆了，他拿鐵鍬試了試，把它拔了下來。草原上到處都是野牛的骨頭和跟煤差不多易燃的東西，所以火一會兒就燃了起來，把一塊馬蹄鐵燒紅了，然後他狠狠的在無助的野駿馬左肩上烙上了他的烙印——火雞之路，他還是第一次使用這個烙印。當火紅的鐵塊灼燒著領步者的肉時，牠疼得發抖，但很快就結束了，著名的野駿馬再也不是沒有沒有烙印的野馬了。

當所有的一切都結束後，他帶著牠回家了。繩子被鬆開了，野駿馬感覺自己自由了，可是當牠想大踏步前進的時候，總是會摔倒在地。牠的前腳被牢牢地捆在一起，只能拖著走，或者不顧一切的費力一躍，非常難受，每次牠想要逃脫的時候，就會重重的摔到地上。湯姆騎著小馬，一次又一次地把

牠攔下，鞭打牠、威脅牠、想方設法的把這隻瘋狂的俘虜向北方的皮納威托峽谷趕去。但是這隻野駿馬不願意走，也不願意屈服。牠時而憤怒、時而恐懼，時而發瘋一樣的跳躍，一直試圖掙脫。這眞是一場漫長的、殘酷的戰鬥，牠如緞般的身體上已經佈滿了黑色的泡沫，泡沫裡面都是暗紅的血。數不清跌倒了多少次，一天的追趕也讓牠疲憊不堪，牠的一跳一躍已經沒有那麼有力量了，當牠喘氣時呼出的哈氣有一半是血。但是這個無情的、冷酷的捉捕者還是不停的要牠快點走。走下斜坡後，他們來到了峽谷，每挪動一碼都會有一場搏鬥，現在他們已經走到了峽谷唯一的十字路口前面，這是領步者王國的北部邊界了。

從這裡，已經可以看見第一個有畜欄和農舍的房子了。老湯姆很高興，但是野駿馬麥斯塔卻積攢了剩餘的最後力量做了最後的垂死掙扎。牠從過來的小徑奔到草坡上，挑釁的看著飛舞的繩子、甩動的皮鞭、射來的子彈，這

些都不能阻擋牠。往上走，再往上走，到了懸崖最陡峭的地方，牠縱身一躍，然後跳了下去，落在了下面二百英尺的石頭上，留下的是沒有生命的軀殼——但是牠獲得了自由。

【故事七】

烏里　一條另類黃狗

烏里是一條小黃狗。在這裡，一條黃狗的確切定義並不是一條黃顏色的狗，而是由於牠的身上的毛細血管裡面佈滿了黃色的色素。牠是所有混血狗裡面血統最爲複雜的狗了，和幾乎所有品種的狗都沾一點親，也可以說是所有血統的混合體。儘管根本就沒有什麼血統可言，但是牠卻要比牠的貴族親戚資格更老、血統更優，因爲牠的本性中保留了祖先豺狼狡詐的天性，可謂是狗中之父。

確實，豺狼的學名其實就是「黃狗」，但是在已經被馴服和教化了的豺狼中，很少能看見還保留牠們原來本性的了。這種粗魯的雜種狗非常狡詐、活躍、勇敢，牠們要遠比牠們同族的純種狗更能爭鬥。

如果我們把一條黃狗、一條灰狗和一條牛頭犬放在荒蕪的小島上，在六個星期以後，牠們誰可以活著，並且活得非常好呢？毫無疑問，答案肯定是那條受人鄙視的黃毛雜種。雖然在速度上牠比不上灰狗，但是牠不會染上肺部和皮膚病；雖然在力量或者愚勇上不及牛頭犬，但是牠擁有一項可以比前者強上千萬倍的能力——就是常識判斷力。健康和機智在為生存搏鬥的時候就不是一種簡簡單單的謀生手段了，當在狗的世界裡沒有人類操縱和控制的時候，其他狗從沒有打敗、並取代黃毛雜種狗的唯一常勝將軍的地位。

偶爾，豺狼的遺傳現象會更加明顯，例如黃狗的耳朵是豎起來的，而且非常敏銳，其次是牠們總是小心翼翼。牠非常的狡猾、膽子非常大，會像狼一樣咬人。在牠的性格裡面會具有奇怪的、野性的本質，這種殘忍而長期的逆境造就了牠極其陰險狡詐的性格，儘管牠的性格中也有人類所喜愛的那些狗的特點。

小烏里就出生在高高的切維厄特斯地區。牠和牠的另外一個小兄弟存活了下來，牠的兄弟是因為長得非常像附近最好的一條狗而活下來的，而牠能活下來則是因爲自己是一條非常漂亮的小黃狗。

在牠早期生活中，人們把牠當做一條牧羊犬使喚，同牠生活在一起的是一條有經驗的牧羊狗，牠總是在訓練烏里，還有一個老牧羊人，他的智力絕不低於牠們兩條狗。到了烏里兩歲長大成人時，牠在牧羊方面已經學習完了全部的課程。牠知道不要讓公羊靠近小羔羊。牠的主人，老羅賓非常信任烏里的機智，只要烏里在山上守護著牠的羊時，牠總是非常放心地成天待在酒館裡。牠接受了教育，從一般意義上來說，牠是一條非常聰明的小狗了，在牠的面前有著光明的未來。但是牠從來沒有學會鄙視牠那個糊塗的主人——羅賓。這個老牧羊人在他的一生中犯下了數不清的錯誤，過著醉生夢死的生活，但是卻無意改變自己的生活。儘管這樣，他卻從沒有粗暴地對待過烏里，所以烏里回報給他的是過高的崇拜，這種崇拜是最偉大和最英明的人都希望得到，卻得不到的。

烏里幾乎無法想像還有比羅賓更偉大的人，但是因爲一星期五個先令，羅賓將自己最重要的財產都抵押給了一個牛羊銷售商，這個人現在是烏里的眞正所有者了。當這個其實並不是財力十分雄厚的傢伙命令羅賓分階段性把他的羊趕到約克郡的沼澤和市場時，在所有的三百七十六頭牲畜中，烏里是最活躍，也最令人感興趣的了。

經過北部棕土地區的這次行程非常的枯燥。過泰恩河時，羊群被趕到了渡口，然後安全地在南頓登陸。工廠的大煙囪終日都沒有停歇，噴出厚重的濃霧，這些沉重的煙霧都快將天空染黑了，它們就像一塊黑色的暴風雲掛在了樹梢。羊群把這些煙霧誤認成了切維厄特不常有的暴風雨。牠們非常驚慌失措，在經過這個地方的時候被嚇得六神無主，分別向不同的方向奔逃。

羅賓靈魂最深處的某個地方被觸動了。呆呆地看了半天以後，他才向烏里下達了命令：「烏里，捉住牠們。」他坐了下來，點上煙斗，取出他織到

一半的襪子，開始織了起來。

對烏里來說，羅賓的聲音就是上帝的聲音。牠從不同的方向圍追堵截這些四散逃逸的羊群，把牠們又帶回渡口小屋，到羅賓的面前，而羅賓仍舊是不動聲色地看著整個過程，用腳尖踩了踩他的襪子。

最後烏里——不是羅賓——將所有的羊全部帶了過來。老牧羊人開始點數——三百七十，三百七十一，三百七十二，三百七十三……

「烏里」，他發出責備的聲音，「不是全部的羊都在這裡，還有一隻呢？」

烏里立刻感到羞愧難當，跳了起來，開始翻天覆地的尋找那頭丟失的羊。牠走了沒有多長時間，一個小男孩就告訴羅賓說這些羊全都在這兒了，是三百七十四隻。現在羅賓陷入了進退兩難的境地。他接到的命令是要他加緊趕到約克郡，但是他知道烏里的驕傲讓牠找不到那隻羊是不會回來的，即使牠不得不偷一隻。這種事情在以前就發生過，結果是非常尷尬的。他應該怎麼辦

呢？每個星期五個先令岌岌可危了。烏里的確是一條好狗，如果弄丟牠一定會是個遺憾，但是牠主人的命令呢？如果烏里又偷了另外一隻羊來彌補這個數目的話，那麼在這個人生地不熟的地方該怎麼辦？牠決定拋棄烏里，獨自趕著羊群上路。牠如何才能讓別人不知道，或者不去管呢？

在此同時，烏里在大街小巷中苦苦地尋找著牠丟失的綿羊。牠找了一整天，到了晚上，當牠又餓又累，又羞怯地回到渡口時，發現牠的主人和羊已經都不見了。牠眼中流露出的悲哀讓人不忍去看。牠嗚咽地奔跑著，跳到渡船上到了對岸，到處尋找羅賓的下落。牠又回到了南頓，在那裡苦苦地尋找著，在那個晚上，牠一直都在可憐地尋找著牠的偶像。第二天牠還繼續尋找著；牠從河這邊找到河那邊，來來回回，一次又一次地重複著。牠仔細看著、嗅著路過的人們，還非常聰明地到附近的小酒館裡尋找著牠的主人。又過了一天，牠開始一個一個的嗅著經過渡口的每一個人。

渡船每天都要往返五十多次，平均一次就有一百多人，烏里從沒有錯過任何一個經過踏板的人，總是聞著經過的每一條腿——平均一天五千雙，一萬條腿，烏里就用自己的方式來進行查看。一天又一天過去了，整整一個星期，烏里都風雨無阻地來到這個地方，好像一點都不在乎自己有沒有吃東西。不久後饑餓和焦慮開始使牠疲倦不堪了，牠變得非常瘦，而且脾氣暴躁。沒有人敢接近牠，任何干擾牠每天聞腿工作的事情都可以激怒牠。

日復一日，烏里還在守望著牠永遠都不會回來的主人。就連擺渡的船夫都開始尊敬烏里的忠誠。剛開始的時候，牠對那些給牠的食物和保護看都不看一眼，沒有人知道牠是怎樣度日的，但是到了最後，牠因爲饑餓不得不屈服了，牠接受這些東西，然後學著忍受施捨。儘管怨恨這個世界，但是牠的心還是忠於牠那個卑鄙的主人。

十四個月以後，我認識了牠。牠還在渡口一成不變地堅持牠的崗位。牠

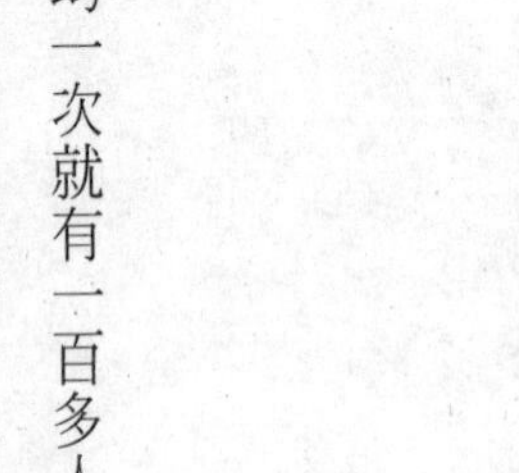

看起來模樣不錯，已經恢復健康了。牠聰明、敏銳的臉龐被白色的頸毛抵消了不少，尖尖的耳朵可以看出牠隨時都在保持警覺。但是一旦牠發現我的腿並不是牠尋找的那個，牠就沒有再看我第二眼，儘管在接下來繼續守望的十個月裡面，我對牠非常友好，但是我從牠那裡獲得的信任並不比其他的任何一個陌生人多。

在整整兩年的時間裡面，這個全心奉獻的傢伙都待在渡口。只有一件事情阻止了牠的回家之路，不是距離，不是可能迷路，而是對羅賓的信任，跟上帝一樣的羅賓希望牠待在渡口，所以牠留下。

但是牠總是會渡過河去看一看，因爲牠感覺那裡可以找到一些東西。一條狗的船費是一便士，直到烏里放棄了尋找，牠共欠了渡船公司上百英鎊的費用。牠從沒有錯聞過一雙踏上踏板的長襪——經過專家計算，共有六百萬條腿曾經經過這裡，但是主人全無消息。儘管牠的脾氣在長期的壓抑之下變得

更加暴躁易怒了，但牠的忠誠還是沒有減弱一絲一毫。

我們再沒有聽說過羅賓的下落，但是某天，一個強壯的牲畜販子大踏步的走下渡口的跳板，烏里機械性的檢查這個新過來的人，突然牠的鬃毛豎了起來，牠開始顫抖，從口中發出了低低的咆哮聲，牠將全部的注意力都集中在這個牲口販子身上了。

在渡口的每一個人都不知道到底發生了什麼事情，他們叫住了那個陌生人：「等等，這是你的狗嗎？」

「我的狗，怎麼可能？牠像是要咬我。」但是所有的解釋似乎都沒有必要了。烏里的態度發生了徹底地變化。牠巴結著那個商人，牠的尾巴在這些年以來第一次晃動的那麼厲害。

幾句話澄清了一切疑問。多雷，那個牲口販子認識羅賓，他戴的手套和羊毛圍巾都是羅賓自己織的，曾經放在他的衣櫃裡面。烏里認出了牠主人的

蹤跡，也徹底放棄了尋找牠失蹤的偶像，牠不再待在渡口，明白地宣佈要繼續跟隨手套的所有者。陌生人多雷很高興可以帶烏里一起回德貝郡的家，在那裡牠又成爲一條牧羊犬，看管著一大群羊。

在德貝郡的曼薩德爾是個非常著名的峽谷。「豬肉和口哨」是那裡唯一的、著名的酒館，這裡的老闆喬格瑞是個非常精明、也非常健壯的約克郡人。在自然地域上他是一個外鄉人，但是在具體環境中，他又是這家旅館的主人，他的口頭禪是——好，不要緊；在那個地區總是有偷獵的情況發生。

烏里的新家位於喬格瑞的小酒館上面峽谷的東面高地上，這也是促使我去曼薩德爾的一個原因。牠的主人多雷，在一塊低地的小路旁經營著自己的牧場，在沼澤地裡有一大群羊。烏里像原來一樣，忠心地守護著這些羊群，在牠們吃草的時候看管著牠們，到了晚上，再把牠們帶回到羊欄裡面。牠沈默寡言，盡忠職守，甚至有時會因爲太過投入而向陌生人發怒。就是因爲牠對羊群毫不鬆懈的照顧，多雷在那年沒有丟失過任何小羔羊，儘管他的鄰居們的羊不時落入老鷹和狐狸的口中。

山谷是獵捕狐狸的最糟糕去處了。陡峭的山勢，高聳的懸崖都使那些熱衷於這個活動的騎手望而卻步，層羅疊嶂的山石是非常好的藏身之地，所以狐狸沒有在曼薩德爾氾濫成災簡直就是個奇跡。但是牠們沒有。直到一八八一年才有了一點抱怨的聲音，當時有一隻非常狡猾的老狐狸在一個條件比較優越的教區安營紮寨，就像一隻耗子躲到了一塊乳酪裡面一樣，在裡面看著那些獵人和農夫的獵狗暗自偷笑。

牠也曾經被匹克獵犬追趕，但是每次都因爲惡魔的洞穴而逃脫了。在這個峽谷中，岩石中的裂紋不知道擴展到了什麼地方，所以牠才能安全逃脫了。這個地區的人們開始認爲這肯定是有什麼奧妙，不僅僅是運氣的原因，使牠總是能從惡魔的洞穴逃脫。其中一隻快要抓到這隻惡魔狐狸的獵犬，不

久後發瘋了，才消除了關於傳說中的狐狸具有超自然力量的所有疑慮。

牠繼續牠的掠奪生涯，每次都進行魯莽的襲擊，又在千鈞一髮之際逃脫了，最後就像許多老狐狸一樣，牠開始變成了殺戮狂。迪格柏一個晚上就丟掉了十隻羊。第二個晚上卡羅少了七隻羊。後來，這個教區牧師住處的鴨塘被整個毀掉了，幾乎不到一個晚上，在這個地區就有人報告家禽、小羔羊，或者綿羊被殺掉了，最後甚至是小牛。

當然所有的殺戮都是在惡魔洞穴的那隻狐狸幹的。人們只知道牠是一隻非常大的狐狸，因爲至少牠留下的痕跡是非常大的。牠從沒有被人看見過，甚至就連獵人都沒有非常清楚地看見過牠。人們注意到雷和鈴，在這些狗中最忠誠的兩隻狗在追蹤牠的時候，總是拒絕發出聲音或者進行追蹤。

因爲牠能使狗發瘋，使匹克獵犬的主人都不敢靠近附近的地區。所以曼薩德爾的農民在喬的帶領下都一致通過，如果下一場雪，他們將集合起來，

搜索整個地區，不管什麼捕獵原則，他們將使用一切辦法幹掉這隻愚蠢的狐狸。

但是一直沒有下雪，這隻紅毛紳士一直過著自己的生活。雖然牠已經瘋了，但是牠從來就有自己的一套方法：從來就沒有在一個同樣的農場連續出現過兩個晚上；從不在獵殺的地方吃東西；從不留下痕跡，暴露牠撤退的線索。牠經常在晚上留下的痕跡上蓋上草皮，或者在公共的大路上留下痕跡。

我曾經看見過牠。在一場暴風雨的夜晚，我從貝克威爾到曼薩德爾去，當我在斯代德家羊圈的轉角處轉彎的時候，突然閃電一閃，透過它的亮光，映入我眼簾的一幕讓我吃了一驚。在離我二十碼遠的地方正蹲著一隻大狐狸，牠正在惡狠狠的看著我，放射著貪婪的目光。我以爲自己眼花了，或者是出現了幻覺，但是到了第二天早晨，在那個羊欄裡面發現了二十三頭小羔羊羔和綿羊的屍體，事實勝於雄辯，這個罪犯就是那個臭名昭著的強盜。

只有一個人倖免於難，他就是多雷。這簡直是不可思議的事情，因爲他就位於襲擊範圍的中心地區，離惡魔的洞穴不到一英里的地方。忠誠的烏里證明自己比附近地區所有的狗都有用。每天晚上牠總是看管著羊群，從來就沒有丟失過一隻羊。可能這隻瘋狂的狐狸曾經在多雷家附近出現過，但是因爲這裡有烏里，聰明的、勇敢的烏里——狐狸絕對不是烏里的對手，牠不僅保住了主人的羊群，同時還能讓自己毫髮無傷地全身而退。

每個人都對烏里抱著一種深深的尊敬，牠可能成爲當時最流行的寵物，除了牠的脾氣之外。

牠的脾氣變得越來越乖戾。牠似乎非常喜歡多雷和赫爾達——多雷的大女兒，一個精明的、漂亮的年輕女孩，牠是這個房子的管家，是烏里特殊的監護人。對多雷家裡的其他成員，烏里試著去容忍，但是對於房子外面的人和狗，牠似乎非常憎恨。

牠古怪的性格在我最後一次遇到牠的時候完全展現了出來。我在橫穿沼澤地的路上走，這條路就在多雷家的後面。烏里正躺在臺階上，當我走近的時候，牠一下子醒了，似乎沒有看見我，衝到了小路上，在離我十碼的地方停了下來。牠一動不動，目不轉睛地注視著遠方的沼澤地，豎起的鬃毛是牠還沒有變成石頭的唯一證明。當我走近，牠沒有移動，似乎也不想爭吵，我繞開，繼續往前走去。這時牠又突然離開了牠原來的位置，穿過了小路跑到了我的前面。我再一次靠近的時候，走過草叢，輕輕地碰觸了牠的鼻子。毫無徵兆的，牠一口咬住了我的左腳跟，我用另一隻腳踢牠，但是牠躲開了。因爲找不到棍子，我拿起一塊大石頭扔向牠。牠往前一躍，石頭正好打中了牠的腿，把牠打到了一個溝裡面去了。當掉到溝裡面去的時候，牠發出了一聲狂野的叫聲，但是當牠從溝裡面爬出來的時候，牠一瘸一拐的靜靜地離開了。

不論烏里對待整個世界是怎樣的兇殘，牠對多雷家的羊群總是非常溫和。牠的事蹟裡有很多見義勇爲的舉動。許多可憐的小羔羊掉到了池塘裡，或者洞裡面，本來必死無疑了，但是由於牠的及時出現，奮力搶救，終於使牠們脫險，許多母羊都沒有牠的作用大；因爲牠的目光敏銳，勇氣過人，阻撓了出現在沼澤地的老鷹們一次又一次的來襲。

在十一月底，第一場大雪來臨的時候，在曼薩德爾的農民們仍然在向那隻瘋狐狸進貢。可憐的寡婦格爾特的二十隻羊全都丟了，在第二天早晨發出了血十字命令。憤怒的農民拿起槍，開始根據留在雪地上的痕跡進行追蹤，還是那隻大狐狸，毫無疑問是這個血債累累的惡棍。留下的痕跡非常清晰，但是最後通向了小河，看來這個傢伙非常的狡猾。牠在指向下游的地方停了下來，跳到了比較淺、還沒有解凍的地方。但是在河的另一面就沒有留下任何痕跡了，人們尋找了很長一段時間，在小溪上游四分之一英里的地方，他

們發現牠在這裡出沒過。然後痕跡跳到了海倫家高高的石牆上面，那裡沒有雪，所以也沒有蹤跡可尋了。但是獵人們依舊沒有放棄。當從高牆到高高的路上，穿過光滑的雪地以後，人們產生了分歧。一些人主張向上走，一些人主張向下走。但是喬最後決定了方向，在經過長時間的搜索以後，他們發現了指向同一個地方的蹤跡，這個痕跡從路上到了一個羊圈，離開的時候沒有傷害裡面的人，牠是踏著村民的腳印走的，最後沿著沼澤地的小路到了多雷家的農場。

那天，因爲下雪的緣故，羊群都被趕到了裡面，所以烏里沒有像往常一樣值班，牠正躺在板子上，曬太陽睡覺。當獵人們靠近房子的時候，牠叫了起來，在羊群待著的地方轉來轉去。喬走到烏里越過的那片雪地，看了一眼，似乎目瞪口呆了，然後他指著那些後退的牧羊犬說：「雷德，不要再追蹤狐狸了，這就是那個兇手。」

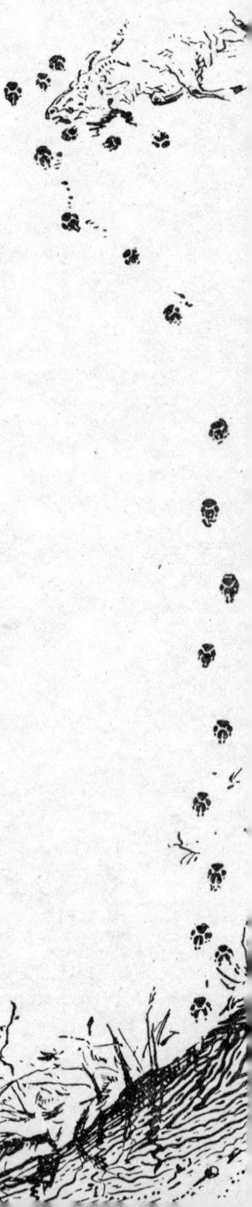

一些人同意喬的看法，但是其他人都表示懷疑，希望回去重新查看一番。在這個節骨眼上，多雷從房間裡面走了出來。

喬說：「湯姆，那條狗昨天晚上殺死了格爾特家的二十頭羊。我們認爲牠不是第一次作案了。」

「爲什麼？上帝，你們簡直是瘋了，烏里一直是條好牧羊犬——牠愛羊。」

「不，我們已經找到了昨天晚上牠作案的證據了。」喬格瑞回答道。

一群人講述了昨天早晨的事情。湯姆發誓一定是有人嫉妒他，想搶走他的烏里。

「烏里每天晚上都和羊群睡在一起，牠一年四季總是在羊群周圍，在牠的看管下，我從來就沒有丟失過一隻羊。」

湯姆對那些污蔑烏里聲譽和生命的企圖異常的激動。喬格瑞和他的同夥也同樣非常生氣，但赫爾達的一個明智建議讓他們雙方都冷靜了下來。

「爸爸，今天晚上我們把所有的羊都趕到廚房裡。如果烏里沒有出去，那麼牠就不是兇手，但是如果牠出去了殺死了鄰居家的羊，那麼我們就有證據說明兇手就是烏里了。」

那個晚上，赫爾達躺在長椅上睡覺，烏里像往常一樣躺在桌子的下面。到了晚上，烏里開始變得焦躁不安。

牠在牠的床上翻來覆去，偶爾起來，伸個懶腰，看看赫爾達，然後再躺下。大約在兩點的時候，牠似乎再也不能抗拒一些奇怪的衝動了。牠悄悄的站了起來，抬頭看了看低低的窗戶，然後又看了看沒有什麼動靜的女孩。赫爾達靜靜的躺著，呼吸均勻就像睡著了一樣。烏里慢慢的走近她，聞了聞，在她的臉上喘了幾口氣。她還是沒有動。烏里用鼻子輕輕地碰了一下她的臉，然後牠尖尖的耳朵湊上前去，牠的頭轉到了另一邊，仔細地觀察著她平靜的臉龐。牠悄悄地走到了窗口，跳到了桌子上面，沒有發出絲毫的動靜，把鼻子放在鎖門底下，將身子抬高，直到可以放下牠的一隻爪子。然後牠把鼻子放在窗框下面，抬的高高地滑了出去，最後從窗框裡面輕鬆的擠過牠的臀部和尾巴，牠的熟練程度說明這對牠來說已經是很熟悉的動作了。然後牠消失在夜色之中。

赫爾達從床上起來以後，吃驚地看著這一幕。等到她確定烏里已經走了以後，她想立刻告訴她的父親，但是又一想，她決定收集更確鑿的證據。她向漆黑的夜色凝望，沒有看見烏里的影子。她在火上放了一些木頭，然後又躺下了。一個小時過去了，她睜大眼睛躺在床上，聽著從廚房裡的時鐘傳來的滴答聲，每一個輕微的響動都會讓她一驚，懷疑烏里正在做什麼。是牠殺死寡婦家的羊嗎？然後她想起烏里對自己家的羊總是非常溫和，這些讓她更迷惑了。

又一個小時過去了。她聽到窗戶那裡傳來了聲音，這個聲音雖然不大，

卻讓她的心狂跳不已。摩擦的聲音過後不久，緊跟著是窗扇抬起的聲音。不一會兒烏里回到了廚房，然後關上了窗子。

藉著搖曳的火光，赫爾達在牠的眼裡看見了一種奇怪的、野性的光芒，牠的下巴和雪白的胸脯上濺滿了鮮血。當仔細地審視了小姑娘以後，牠停止了喘氣聲。因爲她還是一動不動地靜靜躺著，牠也躺了下來，開始舔牠的爪子和鼻子，偶爾發出低低的呻吟聲，彷彿在回憶剛剛發生的一些事情。

赫爾達看見了一切。再也沒有理由懷疑喬格瑞了——而且一個想法突然躍入了她的腦海，她意識到曼薩的惡魔狐狸就在她的面前。她站了起來，直直地看著烏里，叫了起來：「烏里！烏里！是眞的——烏里，就是那個可怕的兇手！」

她的聲音充滿了譴責，在寂靜的廚房上空響起，烏里好像被擊中一樣，倒退了一步。牠朝關閉的窗戶絕望地看了一眼。牠的眼睛閃爍著光芒，鬃毛全都豎了起來，但是在她的注視下，牠蜷縮著身子，趴在地板上，似乎在請求寬恕和原諒。牠慢慢的靠近，討好似的舔她的腳，慢慢地，慢慢地，當已經靠近她身邊的時候，牠像一頭憤怒的老虎，沒有發出一絲聲音，咬住了她的咽喉。

女孩根本就沒有防備，但是她的手及時地舉了起來，烏里長長的獠牙陷入了她的肉裡面，咬到了骨頭。

「救命！救命！爸爸！爸爸！」女孩尖叫著。

烏里體重比較輕，所以一會兒她就把牠摔開了。但是牠的目的一目了然，遊戲既然已經開始了，那麼結果不是要牠的命，就是要她的命。

「爸爸！爸爸！」女孩叫著，烏里拼命地想殺死她，不停向那雙曾經無數次撫摩牠，給牠食物的手咬著、撕著。

她想把牠甩掉，但是徒勞無功；當多雷衝進來的時候，牠已經咬住了她的喉嚨。

在可怕的沉寂中，烏里躍了起來，向他撲了過來，一次又一次的撕扯著，直到鐮刀重重的打在牠的身上，牠再也不能動彈，在石頭地板上喘息著、翻騰著，充滿了絕望和無能爲力，但是直到最後，牠還一直在掙扎，不肯服輸。又是重重的一錘，牠的腦袋被打爛了，這個一直以來被譽爲忠實家庭護衛的烏里，聰明而又兇猛、可以信賴而又陰險狡詐的烏里，顫抖了一下，然後直直的躺倒在地上，一動不動了。

【故事八】

德昂峽谷裡的紅領鶺鴒

在泰勒山樹蔭覆蓋的斜坡上，鵪鶉媽媽正在帶領牠的寶寶們到水晶般透明的小溪去飲水，不知道是誰突發奇地把這條小溪叫做泥之河。牠的小寶寶只有一天大，但是現在牠們已經會用腳走路，並且已經走得非常快了。牠這是第一次帶領牠們去喝水。

牠走的非常慢，當牠行走的時候把身子壓的很低，因爲樹林中充滿了危險，到處都是牠們的敵人。牠發出了一聲輕微的咯咯叫聲，意思是叫那些蹣跚學步的小毛球快快地跟上牠，如果牠們落在後面一段距離，牠就會溫柔地注視著牠們，眼睛裡還流露出一絲擔憂。這些小鵪鶉看上去是那麼的脆弱，和牠們一比，山雀又大、又粗糙。牠們共有十二個兄弟姐妹，但是媽媽對牠們一視同仁。牠總是小心翼翼地觀察周圍的一草一木，甚至還有天上也沒有放過。

牠總是在尋找敵人，因爲在牠的身邊似乎很難找到朋友。牠發現了一個

敵人，一隻兇狠的狐狸正穿過草地，走了過來，過不了多久，牠就會聞到牠們的氣味，或者發現牠們的蹤跡。

已經沒有時間了。

「藏起來！藏起來！」媽媽用低沉卻堅定的聲音叫喊著，這裡根本就沒有什麼藏身之處，幾乎沒有比橡樹果更大一點的東西，所以牠們只能分散開來了。一隻伏到了樹葉下面，一隻在兩個樹根之間，第三隻爬到了捲起的白樺樹皮裡面，第四隻跑到了洞裡面，直到所有的小鵪鶉全都藏了起來，只有一隻還沒有找到自己的隱蔽之所，所以蹲在了黃色的糞便上，躺平，緊緊的閉上了眼睛，好像如果不看見，牠就是安全的。牠們不再驚慌失措了，一切都靜了下來。

鵪鶉媽媽向那個可怕的野獸直直地飛了過去，在離牠不到幾英尺的地方無畏地落了下來，飛到了地上，撲打著翅膀，好像翅膀和腿都已經受傷了——

哦，可憐的拐子——像一隻可憐的小傢伙一樣發出了陣陣哀鳴聲。難道牠正在乞求憐憫——向這個殘忍的、冷酷的狐狸乞求憐憫？當然不是！牠又不是傻瓜。人們總是聽說狐狸是如何如何地聰明，等著瞧吧！和這個母鵪鶉比起來，這隻狐狸是多麼的愚蠢。

很意外地看見這個母鵪鶉，狐狸轉身一撲，就要抓——起碼，牠還沒有抓到過一隻鳥；突然牠一飛，正好讓牠撲了個空。牠又是一跳，肯定這回一定能抓到牠了，但是不知道怎麼回事，在牠們中間正好有一棵樹，鵪鶉非常笨拙地躲開，藏在了樹底下，但是狐狸咬住自己的下顎，竄到了樹上，而牠似乎有點跛，笨笨的向前一跳，滾到了岸下，狐狸雷納德緊緊地跟隨著，幾乎就要抓住牠的尾巴了，但是奇怪的很，不論牠跑的多快、跳的多高，牠總是比牠領先那麼一點。這眞是太不同凡響了。一隻翅膀受傷的鵪鶉和牠——雷納德，有名的飛腿，在進行了五分鐘的比賽中仍沒有抓住牠。眞丟人啊！但是鵪鶉似乎越戰越勇了，在經過四分之一英里的比賽中，離泰勒山越來越遠了。這時這隻鳥一下子就完全康復了，向著目瞪口呆的狐狸嘲笑地叫了一聲，然後飛進森林中去了，這時狐狸才意識到自己被愚弄了。最糟糕的是，牠記得這不是第一次被戲耍了，儘管牠從來不知道原因是什麼。

同時，鵪鶉媽媽在空中盤旋了一個大圈，又飛回了牠把小毛頭們藏起來的樹林。

因爲野生的鳥類有敏銳的位置感，牠回到了牠剛才待的草地上站了一會兒，非常高興能看見牠的孩子們還是一動也不動。甚至聽到牠的腳步聲，牠們還是沒有任何動靜，在糞便上的那個小傢伙，根本就沒有藏起來，反正牠就是不動，也不知道正在做什麼。牠只是更緊地閉上自己的眼睛，直到媽媽說：「來吧，孩子們。」

就像是個童話故事一樣，每個洞裡面都鑽出了鵪鶉寶寶，還有在糞便上

的小傢伙——牠是這群兄弟姐妹中最大的一個——睜開牠們的眼睛，跑到了母親尾巴後面尋找庇護，伴隨著一聲小小的、甜甜的叫喚，這種聲音在三英尺以外的敵人都不可能聽見，但是牠的媽媽絕不會錯過的。所有的小傢伙也都加入進來，無庸置疑地，牠們一定非常聒噪，但是也一定非常快樂。

太陽開始熱了起來，穿過小路到水塘有一片寬闊的場地，在仔細地觀察了周圍環境以後，媽媽讓牠們待在自己扇子一樣的尾巴下面，怕太陽光曬傷牠們，直到牠們來到小溪旁邊的荊棘叢裡面。

一隻棉尾兔跳了出來，嚇了牠們一跳。但是牠友善的表示也非常明顯。牠是一個老朋友，小鵪鶉們在那天學到的是，小兔子永遠都會與牠們和平共處的，牠們也會遵守諾言。

牠們來到河邊飲水，這是條最純淨的生命之河，儘管愚蠢的人類叫它泥之河。

剛開始的時候，小傢伙們根本不知道怎麼喝水，但是牠們照著媽媽的樣子，很快就學會了像牠一樣喝水了，然後每吸一口，都說一聲感謝。牠們一字排開站在岸邊，十二個棕色和金色的小毛球，二十四條粉色的小腳，十二顆金色的小腦袋低下去，喝水，然後像牠們的媽媽一樣做感恩祈禱。

然後牠領著牠們又走了一段，來到了草地很遠的另一邊，那裡有許多草堆。媽媽在這之前已經觀察過好幾次了，牠就是用這些草堆撫養自己的孩子的，這裡到處都是螞蟻窩。老鵪鶉走到頂上，看了一會兒，然後用牠的爪子用勁一掠，螞蟻的家被破壞掉了，用土做成的走廊四分五裂。螞蟻們一窩蜂般跑了出來，因爲沒有更好的計畫而互相指責、攻擊對方。牠們其中一些開始圍著小山散步，但是沒有什麼頭緒，還有一些比較聰明的開始搬牠們白色的卵。但是老鵪鶉和隨後而來的小鵪鶉，開始啄這些多汁的、像袋子一樣的東西，咯咯的叫著、扔著，然後又啄起來，叫著，吞下去了。小鵪鶉們站在一邊，其中一隻黃色的小傢伙坐在木片上，開始撿螞蟻卵，扔幾次，然後再把它呑掉，這樣牠學會了吃東西。在二十分鐘之內，連矮個子的小鵪鶉都已經學會了怎樣吃東西，在這快樂的時光裡，牠們掙搶著美味的卵，而牠們的媽媽已經刨開了更多的螞蟻巢穴，把牠們全都丟到了岸下面，直到小鵪鶉全都吃得肚鼓溜圓，不能再吃下任何東西才作罷。

然後牠們小心翼翼地來到了小溪上，在沙灘旁，牠們用荊棘隱藏的很好，然後牠們躺了整個下午，知道了當涼爽的塵土在牠們的雙腳之間飄過的時候，感覺是多麼的舒適和愜意。牠們學著媽媽的樣子，彎下腰，用牠們的小嫩腳抓抓頭、抖抖翅膀，儘管牠們還沒有翅膀，只有肉肉的小東西在兩邊上下搧著，像在告訴人們這裡將來會長出羽毛，會是一雙有力的翅膀。那個晚上鵪鶉媽媽帶著牠們到了附近一個乾爽的灌木叢，這裡有脆脆的、枯死的樹葉，一旦敵人出現就會發出聲響，交錯縱橫的荊棘可以阻止敵人的來犯，牠哄著牠們入睡了，看著牠們擠在一起，進入夢鄉，那麼信任的緊緊依偎在牠身旁，牠的臉上充滿了母性的光輝。

到了第三天，小鳥更加強壯了。牠們不只能在橡樹果附近散步，甚至可以爬到松鼠的毬果上了，在將來會是翅膀的小肉棒上面，現在已經可以看見藍色的羽莖線了。

在牠們生命的開端，牠們擁有一位好母親、一副好身體、可以信賴的本能，還有思考的萌芽。本能就是一種與生俱來的習慣，教給牠們聽媽媽的話，但是理智讓牠們在太陽很大的時候，躲到媽媽的尾巴底下乘涼；從那天開始，理智成為牠們生命中越來越重要的部分。

又過了一天，羽莖開始長出羽毛了。再過一天，羽毛已經完全長出來了，一個星期以後，這些鵪鶉寶寶已經有強而有力的翅膀了。

但是並不是所有的小傢伙都是這樣——可憐的小然遜從剛生下來就一直病

快快的。牠很少活動，叫喚聲要比牠的兄姐們多很多。一個晚上，媽媽看見了一隻臭鼬，下達起飛、起飛的命令，然逖落在了後面，當媽媽在松山上把牠的孩子們集合在一起的時候，牠失蹤了，從此牠們就再也沒有看見過牠。

從這個時候，牠們的訓練課程也開始了。牠們知道小溪邊上的長草裡到處都是小蚱蜢；牠們知道矮樹叢上掉下來的是綠蟲蟲；牠們知道在較遠的樹林裡螞蟻山儲量豐富；牠們知道儘管不是什麼昆蟲，但是草莓味道鮮美；牠們知道牠們可以抓蝴蝶，這個遊戲既好玩又安全；從爛木頭上掉下來的樹皮肯定有好多不同種類的東西在裡面；牠們還瞭解到黃色皮毛的黃蜂、羊毛蟲，以及有很多條腿的東西最好不要碰。

七月了，是漿果成熟的季節。在上一個月裡，小鳥們也已經長大，精力十分旺盛，因爲牠們已經長大了，所以現在要將牠們隱藏起來要費些力氣了，媽媽還是整晚整晚地不休息，照顧著牠們。

牠們每天都會去做塵土浴，但是後來將地點改在了另外一個高一點的山上。這是一個各種不同的鳥類都共用的地方，剛開始的時候，媽媽不喜歡這個二手的浴室，但是孩子們玩得興高采烈，媽媽也就忘卻了牠的疑慮。

兩個星期以後，小傢伙們都開始萎靡不振，牠自己也開始感覺不舒服。牠們總感覺到餓，儘管牠們吃很多東西，但是牠們變得越來越瘦。媽媽是最後一個被感染的，但是也是最嚴重的——非常饑餓，發燒似的頭疼，身體異常虛弱。牠不了解是什麼原因引起的。牠不知道被使用多次的塵土浴已經佈滿了寄生蟲，儘管本能曾告訴過牠，但是牠卻沒有警惕，現在牠們全家人都感染了疾病。

本能衝動都是有目的，母親治癒疾病的方法就是憑藉本能。牠非常想吃一些東西，但不知道那到底是什麼，於是牠不停的嚐著每樣可以吃的東西，尋找最涼快的森林。最後牠發現了一種致命的漆樹結著一種有毒的果實。如

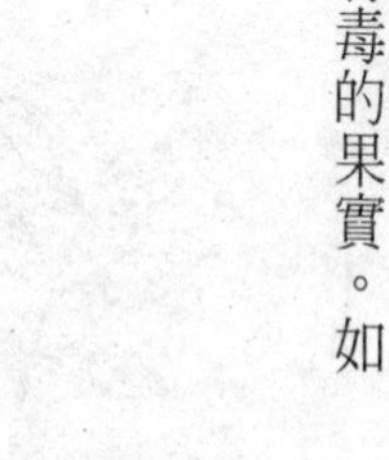

果是一個月以前，牠可能就忽視而過了，但是現在牠嚐了一下這種絲毫不引人注意的漿果。辣辣的滋味似乎剛好吻合了牠體內的那種呼喚；牠吃啊！吃啊！牠們家所有的人都開始享用這頓奇怪的醫學大餐。人類的醫生可能都無法做得比牠更好了；事實證明，這種非常厲害的瀉藥把看不見的敵人全部打敗了，危險過去了。

但是並不是所有的孩子都康復了，大自然這個古老的看護還是來得晚了些，牠們中的四個死了。根據物競天擇的原理，最弱小的就會被淘汰掉。這場疾病讓牠們都十分虛弱，治癒的藥劑又用的過猛，牠們不停地到小溪邊喝水，當到了第二天，其他人跟著媽媽離開的時候，牠們已經不能動彈了。對臭鼬的復仇之火在牠們的胸中燃燒著，臭鼬發現並且吞掉了牠們的屍體，然後因爲牠們吃的東西而中毒身亡。

七個小鵪鶉現在謹遵媽媽的命令。牠們早期的個人性格已經顯現出來

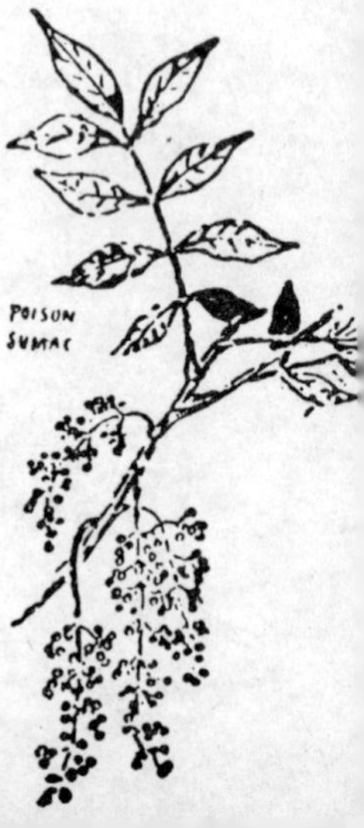

了，並且發展得非常快。原來那些弱小的形象已經不復存在了，但是牠們還是有點傻、有點笨。媽媽對某些孩子的關心總是禁不住要多一些，牠喜歡最大的那個孩子，就是坐在黃色糞便上藏起自己來的那個。

牠不僅是最大、最壯、最漂亮的一個孩子，同時也是所有孩子中最聽話的一個。牠的媽媽如果警告說「危險」，其他孩子總是不聽，還是要跑到危險的路上，或者碰觸可疑的食物，但是對牠來說，服從是牠的天性，牠從來沒有違背過媽媽的任何一聲溫柔的召喚。當然，牠的聽話也得到了獎賞，白天牠在地上待的時間也最長。

八月已經過去，原來的小傢伙現在已經成爲青年了。牠們的每個部分都已經長成，且認爲自己已經非常聰明了。當牠們小的時候，在地上睡覺是必要的，這樣媽媽可以爲牠們遮風擋雨，但是現在牠們已經長大，不需要這樣了，媽媽開始給牠們介紹青年人的生活方式。現在已經是到樹上築巢的時候

了。小黃鼠狼、狐狸、臭鼬還有貂都開始四處活動。一到晚上，地面就更加危險了，所以在日落的時候，鵪鶉媽媽總是會召喚牠們飛到茂密的、低矮的樹上去。

小傢伙們總是跟隨著媽媽，只有一隻例外，這個固執的笨傢伙就像小時候一樣，堅持睡在地上。第一天平安無事，但是到了第二個晚上，牠的兄弟們就被牠的哭聲吵醒了。混戰的聲音一會兒就沒有了，然後寂靜中只傳來咬骨頭的聲音。牠們定睛往下看，在黑暗中只能看見兩個閃爍不定的眼睛，奇怪的、發黴的味道告訴牠們，殺害牠們可憐弟弟的兇手是一隻貂。

六隻小鵪鶉在夜裡一字排開，牠們的媽媽夾在中間，牠們的兄弟的小腳已經沒有一絲溫度，靜靜地趴在媽媽的背上。

牠們的教育課程還在繼續著，這次教授給牠們的是急速旋轉。鵪鶉可以拍打翅膀飛高，但是急速旋轉有時對牠們來說更重要，所以牠們必須學習怎樣和什麼時候使用這個方法。最後牠們都掌握到了訣竅了。如果附近有危險的時候，它可以警告其他的鵪鶉，可以分散帶槍獵人的注意力，或者在旋轉翅膀的時候吸引敵人的注意，趁著這個時候，其他的同伴可以悄悄逃走，或者蹲起來，避免敵人注意。

鵪鶉的口號之一可能是「每個晚上都要防備敵人，尋找食物。」九月的到來也就意味著種子、漿果，還有螞蟻卵的豐收，當然還要防止臭鼬和貂。

鵪鶉可能非常瞭解狐狸，但是牠們卻很少看見過狗。遇到一隻狐狸時，牠們能飛到樹上輕易躲過，但是當狩獵的季節，卡迪帶著他的短尾巴黃狗穿過峽谷來到這裡時，媽媽看見了狗，牠大叫「起飛！起飛！」牠的兩個孩子認爲牠們的媽媽太失冷靜了，只不過是遇到了一隻狐狸。牠們非常高興地想表現一下牠們出眾的身手，躍到了一棵樹上，無視牠們媽媽焦急的呼喚，牠已經以身作則地飛了起來。

這個時候，這隻奇怪的短尾巴狐狸來到了樹底下，衝著牠們叫。牠們看著牠、牠們的媽媽和牠們的兄弟，覺得很可笑，以致於沒有注意到樹叢中傳來的沙沙聲，直到砰！砰！兩聲，掉下來的是兩隻血淋淋的鷓鴣，牠們被狗逮住、撕碎了，然後獵人從樹叢中走了出來，才拯救了倖存者。

卡迪住在位於多倫多北部，德昂峽谷附近的一間小茅草屋裡。他的生活就像古希臘哲學家的理想國那樣，沒有財產、沒有稅收、沒有社會虛僞、也沒有佔有。他不斷勞作，充分娛樂，做大量的戶外活動，這就是他的選擇。他認爲自己是一個眞正的冒險家，因爲他喜歡打獵，一旦捕捉到獵物，他就會扣動扳機。鄰居們都叫他擅自佔用者，覺得他像一個拋了錨的流浪漢。

他一年四季都在打獵、設置陷阱，當然隨著季節的變化，他的遊戲也會不同。但是如果有人想聽聽他現在想做些什麼，他可能會說這個月「想嚐嚐鷓鴣的滋味」，如果他恰好不知道年曆的話，毫無疑問，這正好顯示出了他

敏銳的觀察力，但是同時也是不能完全信賴他的證據。捕殺鵪鶉的法定季節是從九月十五日開始的，但是卡迪提前兩個星期開始一點也不奇怪，而且他總是能想方設法的逃脫罰款，甚至成爲一個有趣的人物，矯揉造作的接受報紙的訪談。

他很少射擊飛行中的鳥，而是喜歡近距離射擊，當然當樹葉茂盛的時候，這是很不容易的，這也說明在第三峽谷的那家人在較長時間內還是安全的；但是眼看其他的獵手就要找到牠們了，所以他也開始了自己的追捕行動。

鳥媽媽帶著四個倖存者飛走以後，他沒有聽到翅膀搧動的聲音，所以把已經殺死的兩隻小鳥放在口袋裡面，回家去了。

小傢伙們這才瞭解到狗不是狐狸，牠們一定非常不同，這個教訓更加深了服從才能長壽這句話在牠們心目中的分量。

九月伴隨著獵手來了又去，一天天的過去了。牠們還是在闊葉樹長長的、細細的樹枝上安家，在那裡有最茂密的樹葉，可以保護牠們不被敵人發現；這個高度讓牠們也不用害怕地面上的敵人了。現在除了浣熊之外，牠們幾乎不用害怕任何東西了，還好牠那緩慢而且沉重的步伐踩在柔軟的樹枝上，總是能及時的給牠們警告。但是現在樹葉已經開始凋落，到了比較難對付的時候了，同時此時也是貓頭鷹活動的季節。從北方飛來的帶紋貓頭鷹增加了兩三倍的數量。到了晚上開始起霧，浣熊已經不再有多大的危險了，所以媽媽帶著牠們搬到了樹葉最茂密的鐵杉樹上。

只有一隻小鵪鶉無視起飛的警告聲，牠還是站在光禿禿的榆樹枝上，讓一隻黃眼睛的貓頭鷹酒足飯飽的離開了。

現在只剩下媽媽和三個年輕的孩子，但是牠們現在已經長大成人，和媽媽一般大小了；真的，牠們中最大的那個，就是坐在糞便上的那個，還比媽媽更大一點。牠們已經長出了頸毛。這個標誌可以知道牠們長大的時候會變成什麼樣子，當然這個標誌也是牠們的驕傲。

頸毛對鵪鶉來說就像孔雀的尾巴——這是牠們最漂亮的地方，也是牠們的驕傲所在。母鵪鶉的頸毛是黑色帶有發綠的光澤。公鵪鶉更大更黑，是墨綠色。如果有一隻鵪鶉生來就體格異常、精力旺盛，頸毛不僅大，而且有一種特殊的深銅紅色，像紫羅蘭花上的那層彩虹色，有綠色有金色，那麼人們看見這樣的鳥時，一定會覺得是個奇跡，但是那個坐在糞便上的小傢伙，在那個橡樹果之夜，就已經長出了金色和銅紅色的頸毛——牠就是紅領，德昂峽谷最著名的鵪鶉。

在橡樹結果的深夜，大約是在十月中旬，牠們一家人正在一棵大松樹附近曬太陽時，聽到遠處傳來了槍聲，紅領在某種衝動的支配下，跳到原木上，搖搖擺擺地來回走了很多趟，然後牠按捺不住歡快的、振奮的感覺，開

始轉動自己的翅膀，想發洩更多的精力，就像一匹小馬一樣又蹦又跳的，告訴人們牠有多高興。牠發出的振動聲音更大了，呼呼作響，而牠也因爲發現自己的力量而興奮不已，在空中一次又一次地拍打著翅膀，直到附近的林中都可以聽見很大聲的咚咚聲。牠的兄弟姐妹又羡慕又吃驚的看著牠；牠媽媽也是如此，但是從那次以後，媽媽就開始有一點怕牠了。

在十一月初，來了一位神秘、奇怪的敵人。自然法則眞的很奇怪，所有的鵪鶉在牠們第一年的十一月都會發瘋。牠們像瘋了一樣，可能跑到任何地方，而且根本就不管那是什麼地方。在那個期間，聰明如的牠們卻會做出各種愚蠢的事情。牠們可能連夜全速搬離這個地區，被電線截成兩半，或者衝到有燈光的家裡面，或者向著火車頭的前燈撞去。到了白天，人們可能會在各種地方找到牠們的屍體，在大樓裡面、在寬闊的沼澤地裡面、在大城市的電話線上，更有甚者會出現在海岸船隻的甲板上。這種瘋狂的舉動似乎是一

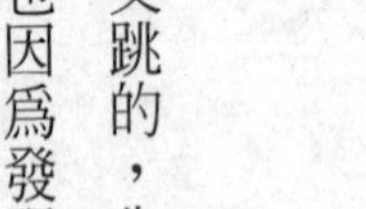

種過去遷徙時代遺留下來的情況，但這至少有一種好處，它分解了家庭，防止了近親通婚，這種近親通婚對種族來說確實是致命的。這種自然現象的發生使年輕的鵪鶉在頭一年的生活過得戰戰兢兢，到了第二年秋天可能還會重複，因爲這還具有傳染性，等到了第三年，實際情況就不得而知了。

紅領的媽媽看到葡萄變成了黑色，楓葉轉成了金色和深紅，牠知道這種現象快到了。沒有別的辦法，只能更仔細的照顧孩子們，把牠們帶到樹林中更安靜的地方。

當一群野天鵝從牠們頭頂向南飛去的時候，第一次出現了這種徵兆。小傢伙們以前沒有看見過這種長脖子的鷹，感覺非常害怕。但是因爲牠們的媽媽一點都不害怕，所以牠們也有了勇氣，興致勃勃地看著牠們。不知道是那種野生的叮噹叫聲打動了牠們，還是內心的衝動浮現了出來，一種奇怪的渴望充斥在每一個年輕人的心中。看著那些排得筆直的野天鵝消失在南方天空

之中，牠們飛到更高的樹枝上，這樣可以看得更遠一些。從那以後，事情就開始發生了變化。到了十一月，月亮由虧轉盈，等到了滿月的那天，十一月的瘋狂現象到來了。

越沒有活力的群體受到的影響越大。這個小家庭四分五裂。紅領自己不知做了多少長長的、沒有什麼固定路線的夜間旅行。一股衝動使牠想往南飛，但是後來發現自己躺在了安大略湖附近，所以牠又飛回來。當到了又一個下弦月的時候，牠發現自己又跑到了克裡克峽谷，但是每次都絕對只有牠自己。

冬天到來了，食物比較匱乏。紅領還住在原來的峽谷，泰勒山松樹環繞的那個斜坡，在這裡不僅會出現牠的食物，也會出現牠的敵人。發瘋之月不僅帶來了瘋狂、孤獨，同時還有葡萄；雪之月伴隨而來的就是野玫瑰果；在暴風雨之月可以吃白樺的嫩葉。白色的暴風雪用冰雪覆蓋了整個森林，尋找

食物也變得非常困難。紅領的喙因爲這個工作已經非常疲勞了，以致於閉上的時候，在嘴鉤的後面也有一條縫。但是大自然已經爲牠準備好了光滑的腳底；牠的腳趾，在九月的時候還非常細長、整潔，現在已經長出了很多尖尖的、粗糙的趾點；隨著天氣越來越冷，這些趾點也逐漸長大，到了第一次下雪的時候，牠已經有雪鞋和冰鞋了。寒冷的冬天趕走了大多數的鷹和貓頭鷹，至於那些四肢動物要再侵犯牠們也不大可能了，所以說事情總是有好有壞的。

牠每天都要飛很遠去找尋食物，直到牠在羅絲黛爾小溪看見岸邊銀白色的白樺，弗蘭克城堡的葡萄和花楸漿果，還有在徹斯特森林裡面來回擺動的成串果實，以及在雪下光彩奪目的白珠果。

牠很快就發現，因爲某些奇怪的原因，拿著槍的人們總是在弗蘭克城堡裡面遲遲不肯離開。牠的生命中就是由這些事情組成的，瞭解新的地方、新

的食物，每天都能增加智慧，變得更聰明，長得更漂亮。

雖然身邊沒有親人，牠是十分孤獨的，但是對牠來說，這並不是一種不能忍受的苦難。不論走到哪裡，牠都可以看見快樂的山雀在愉快地掙搶食物，牠記得牠們以前似乎也曾經有過這種快樂的時光。牠們是樹林裡最快樂的動物，在秋天過去之前，牠們總要不停的歌唱。春天快來吧！春天快來吧！儘管要經歷嚴冬的風雪，但是牠們或多或少要保持一顆火熱的心。到了饑餓月的月虧時，也就是二月的時候，牠們給自己的小調增加了一些曲調，牠們的樂觀精神也增加了，好像在對全世界宣告自己快樂的心情。不久太陽暖了起來，在弗蘭克城堡南面山坡上的冰雪消融了，到處都充滿了冬草的芳香，對紅領來說，那些漿果無疑就是最豐盛的餐宴了，結束了冬天啃冰嚐雪的日子，牠的喙終於可以有機會恢復成原有的形狀了。不久第一隻藍知更鳥飛來了，當牠飛過的時候，用柔軟的聲音唱道，春天來了！太陽變得越來越暖，在三月的某一天，傳來烏鴉的叫聲，那是老銀點——烏鴉之王，從南方飛了回來，領著牠的部隊，宣佈春天已經到了。

自然界的一切生靈似乎都有了回應，鳥類新的一年開始了，但是牠們又好像發生了一些變化。山雀還是那麼野蠻；牠們歌唱著：現在是春天——現在是春天——現在是春天，牠們總是一再重複地唱著，人們不禁會納悶牠們是怎麼抽時間來謀生的。

牠們的歌聲讓紅領熱血沸騰。牠在一個樹樁上歡樂得又蹦又跳，在小山谷上翻上翻下，雷鳴般的叫聲在空谷中迴音著，牠歡樂的聲音是因爲春天來了。

在山谷下面就是卡迪的小屋。當他聽到在寂靜早晨響起的陣陣鼓聲，知道一定是有一隻公鷓鴣在叫，於是就拿著槍悄悄地爬上了山谷。但是紅領無聲地飛走了，再也沒有在這個泥之河峽谷出現過，那根原木就是牠第一次擊

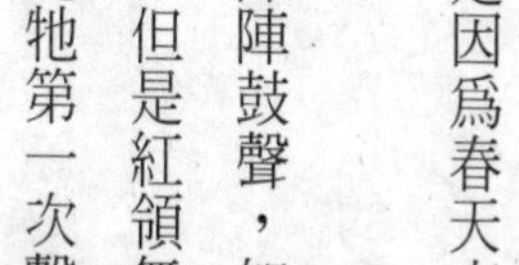

鼓的地方，後來有一個小男孩抄近路到磨房，要經過這個森林，回到家的時候非常害怕的告訴他媽媽，他敢肯定印第安人正在出征的途中，因爲他聽見峽谷裡有敲戰鼓的聲音。

爲什麼一個快樂的孩子要害怕？爲什麼一個寂寞的年輕人要無端的歎息？他們知道的答案肯定不會比紅領知道牠爲什麼每天要站在一些枯死的木頭上敲擊，然後在森林中製造如雷鳴般的聲音多；他趾高氣揚地踱著方步，讚美自己光彩照人的頸毛。在太陽的照射下，這些羽毛就像閃閃發光的珠寶，然後再一次雷聲震動。爲什麼會有這種奇怪的願望，希望別人也羨慕自己的羽毛呢？還有爲什麼這種想法在之前都沒有出現過？

隆隆聲一遍又一遍地響過。

日復一日，牠找到了最喜歡的木頭，長出了漂亮的、玫瑰紅的冠羽，一雙明亮、敏銳的眼睛，就連笨拙的雪鞋也已經從腳上蛻去了。牠的頸毛更加

漂亮，眼睛更加有神，現在牠的外觀是華麗得不得了，當牠在太陽底下踱步時，全身金光閃閃。但是——哦！牠是如此的孤單。

但是牠能怎麼辨呢？每天在擊鼓中發洩牠的渴望，直到愛情在五月的一天到來，當延齡草在牠的木頭上包上了銀白色的星星時，牠一直在敲鼓，一直在渴望，牠敏銳的耳朵聽見了一絲聲響，有輕微的腳步聲傳來。牠轉過身張望；牠知道自己一定很傻，一直在張望著。可能嗎？是的！就是牠——另外一隻鷓鴣——害羞的女士正想藏起來。牠立刻來到了女士身旁，心中充滿了一種陌生的感情——像一種燃燒的渴望——涼爽的春天就在不遠的地方。現在牠要怎樣展示和炫耀牠驕傲的衣服呢？牠怎麼知道能否取悅牠呢？牠展開自己的羽毛，想像自己正站在陽光下，踱著方步，訴說著低低的、甜蜜的情話，因爲牠要得到牠的心。如果牠早知道該這樣，那麼早就已經贏得女士的芳心了。整整三天，女士一直出現，從遠處羞怯地看著牠，同時因爲牠沒有發現

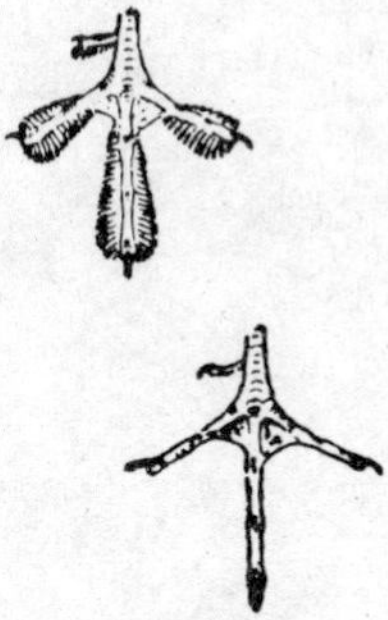

自己而有些傷心，所以靠得更近一些。所以並不是太糟糕，不是嗎？輕輕的踱步聲傳進了女士的耳朵，但是牠甜蜜順從的低下頭——現在已經穿過了沙漠，迷失在路上的行人終於找到甘泉。

哦，在那個名字雖然不大可愛的愛情山谷裡，牠們度過了快樂的日子。太陽永遠不可能再這麼明亮，松樹的氣息比夢中的還要甜美。這隻高貴的鳥兒每天都會來到牠的樹旁，有時有女士的伴隨，有時獨自一人，每天都要歡快的擊鼓，爲了可以這樣愉快的生活。

但是爲什麼有時候會是孤單一個人呢？爲什麼不是跟牠的新娘形影不離呢？爲什麼新娘只能和牠玩幾個小時，然後揪準機會偷偷地溜出去，幾個小時或者有時到第二天才回來呢？牠威武的音樂聲從木頭上傳來，爲新娘的遲遲不歸而不安。這就是森林的神秘之處，牠一直沒有明白。爲什麼牠和新娘待在一起的時間越來越短，從一天減少到了幾分鐘，直到某天牠再也沒有回來。紅領不停地搧動著翅膀，在原來的木頭上敲鼓，然後牠離開上游，到另一個木頭上，然後掠過山峰到了另一個峽谷去擊鼓。但是到了第四天，當牠來到一個地方，大聲呼喚牠的新娘時——這裡曾經是牠們約會過的地方——就像第一次一樣，牠聽到從灌木叢中傳來了腳步聲，那是牠失蹤的新娘，在牠後面跟著十隻小鵪鶉。

紅領飛到牠的身邊，吃驚地看著這些小毛球。但是很快牠就接受了現實，從此也加入了這個家庭，細心的照顧牠們，儘管牠的父親從沒有這個對待過牠。

在鵪鶉的世界裡很少會有好父親。母鵪鶉自己築巢、自己孵化孩子，不需任何幫助。牠甚至把家藏在父親找不到的地方，只在擊鼓的木頭上和餵食的地方，或者是有粉塵的地方與牠見面，那是鵪鶉們的俱樂部。

當新娘布羅妮的孩子們出生以後，牠們已經佔據牠的心，甚至都忘記了

牠們偉大父親的存在了。但是到了第三天，牠們長得足夠強壯的時候，牠帶著牠們出現在牠們父親的面前。

有的父親對自己的孩子一點都不感興趣，但是紅領立刻就加入到家庭之中，幫助布羅妮擔負起了撫養孩子長大的責任。牠們已經學會了吃和喝，就像牠們的父親在很早以前學習時一樣，媽媽帶領著他們在一起蹣跚學步，牠們的爸爸不是走在附近，就是遠遠的跟在後面。

又過了一天，牠們從山坡上下來，向小溪走去，牠們排得長長的，就像一串項鍊，大的則分別走在兩端。一隻紅色的松鼠在附近的一棵松樹上看著這些小毛球在布羅妮的帶領下慢慢地行進著。紅領就在幾碼遠的一根高高的木頭上整理自己的羽毛，忽略了從松鼠眼中流露出的目光。紅松鼠看見牠們的時候，突然有一種反常的衝動，想用鳥的血來解渴。這種念頭一旦形成，牠就把目標定在了最後面的那個小傢伙身上。

牠一下子就跳了下來。等布羅妮發現牠的時候已經太晚了，但是紅領沒有遲疑，牠飛向那個紅皮兇手；牠的武器就是牠的拳頭，就是多結的翅膀，被牠撞上是怎樣的一擊啊！在第一回合的時候，牠打到了松鼠的鼻子，把松鼠打翻在地上，這是牠的死穴，打得牠分不清東南西北；牠晃晃悠悠的站了起來，跑到了一個灌木堆裡面，本來那是牠打算把小鵪鶉們拖進去的地方。牠躺在那兒上氣不接下氣，嘴角淌著血。鵪鶉們把牠丟在那裡就離開了，牠以後怎麼樣了誰也不知道，但是牠以後再也沒有找過牠們的麻煩。

一家人繼續向前走去飲水，但是一頭牛在沙灘上留下了很深的幾道痕跡，其中一隻小鵪鶉掉了進去，當牠發現自己根本無法爬出去的時候，無助地叫喚著。

牠們陷入了困境。沒有人知道應該怎麼做，牠們只是徒勞的圍在邊上，沙地的邊緣開始陷落、下滑，形成了一個長長的斜坡，陷在底下的小傢伙順著斜坡跑了上來，重新又和牠的兄弟們一起擠到媽媽寬寬的尾巴下面去了。

布羅妮是個聰明的小母親，雖然身材嬌小，但是卻非常機智，牠每天都細心地照顧著牠親愛的寶貝們。每次牠的孩子們跟在牠的後面，穿過弓型的森林時，牠都走在前面，咯咯地叫著，多麼的驕傲啊！牠總是儘量把自己的尾巴展開得大大的，幾乎形成一個半圓了，這樣可以給孩子們提供更大的陰涼；牠面對任何一個敵人時從來沒有退縮過，牠總是隨時準備迎戰或者起飛，當然牠會選擇最適合牠孩子的方式。

在小鵪鶉學會飛之前，牠們曾經和卡迪遭遇過一次；儘管還是在六月，但是牠已經帶著槍出來了。他爬上了第三個峽谷，他的狗泰克跑在前頭，眼看已經離布羅妮的家非常近，已經非常危險了。紅領出去迎戰，用雖然很陳舊，但從沒有失敗過的方法將泰克引開，順著德昂峽谷一路傻傻追了下去。

但是卡迪還是朝牠們的家走了過來，布羅妮給了孩子們信號，藏起來！

藏起來！於是牠用了和牠丈夫將獵狗引開一樣的方法，引開了這個男人。因爲傾注了所有的母愛和對森林地形的熟悉，牠靜靜地飛到了離牠非常近的地方，呼嘯著躍了起來，翅膀正好打在他的臉上，接著佯裝成一個跛子摔倒在樹葉上面，一會兒就愚弄住了那個偷獵者。但是當牠拖著一隻翅膀，在他腳周圍哀鳴，然後又慢慢離開時，他忽然明白了牠的用意——這只是一個小把戲，就是想引他離開自己的窩，他對牠重重的一擊，但是小布羅妮非常靈活地避開了，牠一拐一瘸地跳到了後面的小樹，摔在葉子上，顯得痛苦不堪，似乎眞的瘸了，所以卡迪用一根棍子重重地向牠砸去。但是牠及時轉換了位置，阻止了他，這種勇敢、堅定的行爲，就是要把他從牠無助的孩子身邊引開，牠在他面前撲搧翅膀，呻吟著好像在請求他的憐憫和寬容。卡迪又沒有打到牠，然後他舉起了槍，用能殺死一頭熊的彈藥向牠開槍了，射向勇敢的布羅妮，牠渾身帶血的身體顫抖著掉落在了地上。

這個兇狠的獵人知道小傢伙們肯定就藏在附近，所以在周圍轉來轉去尋找牠們的蹤跡，但是沒有一個移動一下、或者看布羅妮一眼。他雖然沒有發現牠們，但是他那雙可恨的雙腳，在牠們的藏身之處來來回回走了一遍又一遍，許多小傢伙來不及出聲就被他踩死了，沒有人知道，也沒有人在乎。

紅領把黃狗帶到了下游，就又回到了牠留下妻子和家人的地方。兇手已經離開了，帶著布羅妮的屍體去餵他的狗。紅領到處尋找著，只看見血地上帶血的羽毛，是布羅妮的羽毛，現在牠知道那一槍意味著什麼了！

誰能體會到牠的恐懼和牠的悲慟呢？牠一動也不動地看著那片被牠的妻子的鮮血染紅的地方，像傻了一樣，臉上充滿了悲哀，就在這個時候，牠想到了牠們可憐的孩子。牠回到牠們隱藏的地方，呼喚著。難道小傢伙們已經都在獵人的腳下喪生了嗎？不，有六個小毛球露出牠們光彩的眼睛，站了起來，奔向牠，但還是有四隻小傢伙已經死去了。紅領一遍又一遍地叫著牠們

的名字，直到牠相信能夠聽到的都已經在牠的身邊為止，然後牠帶領牠們離開了這個可怕的地方，到了遠遠的上游，雖然那裡有帶刺的籬笆和荊棘叢，但是那裡更安全，是一個好的避難所。

在這裡，小傢伙們逐漸長大了，牠們接受來自父親的訓練，就像當年牠接受母親的訓練一樣；牠比母親擁有更多的知識和經驗，這也帶來了許多便利。牠十分瞭解這裡的環境，還有尋找食物的地方，知道怎樣對付那些可能危害到鷓鴣生活的疾病，總之，夏天過去了，小鷓鴣們都健健康康地生活著。牠們慢慢成長，精力旺盛，到了獵手捕獵的季節，牠們已經長大了，紅領那銅紅色羽毛的光芒照耀在牠們的頭上。

在那個夏天牠失去布羅妮以後，就再也不敲鼓了，但是敲鼓對鷓鴣來說，就像山雀必須歌唱一樣不可缺少；儘管它是愛情歌曲，但是它也是健康生活的一種表達方式。當換毛季節過了以後，九月的食物和天氣讓牠重新換上了漂亮的羽毛，這又重新給了牠自信，牠的精神復活了，在一棵老樹上，牠又衝動地登了上去，一遍又一遍地擊鼓。

從那次開始牠就經常擊鼓了，牠的孩子們圍坐在牠的四周，或者有一、兩隻爲了顯示牠們的體內也流著父親的鮮血，所以也在附近的樹墩或石頭上擊打著，發出很大的聲音。

葡萄熟了，瘋狂之月到來了，但是紅領的孩子們都是精力非常充沛、健康的孩子；牠們有健康的身體也就意味著牠們有聰明的智慧，儘管牠們也發瘋了。但是一個星期過去，還是有三隻永遠的飛走了，再也沒有飛回來。

紅領帶著剩下的三個孩子，仍住在這個峽谷裡，這時冬天來了。漫天飄舞著雪花，當天氣不是太冷的時候，牠們一家人會整夜蹲坐在低矮、平坦的雪松樹枝下面。但是第二天風雪還在繼續，天氣變得更冷了，大雪堆積在一起。到了晚上，雪停了，但是霜凍更嚴重了，所以紅領帶領著牠的家庭，來

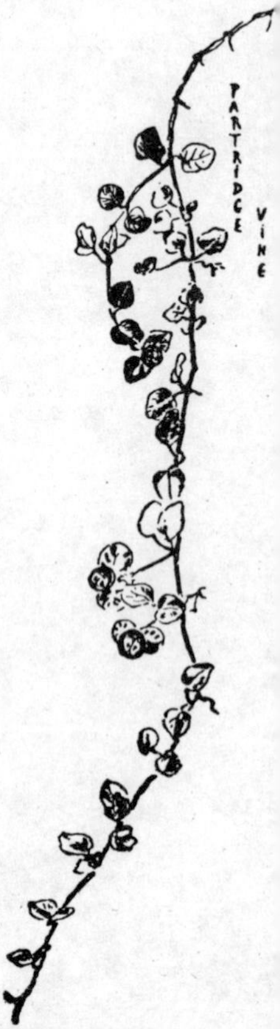

到了下方有很深積雪的大樺樹上面，鑽進雪堆裡，其他孩子們也像牠一樣鑽了進去。風不能吹進鬆軟的雪裡——這是牠們純白色的床單，這樣蜷縮在裡面睡覺非常的舒服，因爲雪是一種溫暖的外衣，空氣可以從外面透過來，非常容易呼吸。到了早上，每隻鵪鶉都發現呼吸的氣息讓牠們面前形成了一個冰層，但還好很容易就可以轉從另外一邊出去。然後在紅領早晨的呼喚聲中撲打著站起來。來吧！孩子們！來吧，孩子們！起飛。

這是孩子們在雪堆中度過的第一個晚上，儘管對紅領來說已經是古老的經歷了。到了第二個晚上，牠們又愉快地鑽到自己的床裡面，北風還是像原來一樣呼嘯。但是天氣卻出現了變化，晚上風向也變了，開始向東吹。鵝毛大雪變成了冰雹，就像是銀白色的大雨一樣。整個世界都被冰覆蓋了，到了早晨，鵪鶉從夢中醒來，打算離開自己的床時，發現自己被厚厚的冰層封在了裡面，動彈不得了。

深層的雪還是比較鬆軟的，紅領鑽了一條路來到了上面，但是因爲冰層很堅硬，對牠來說是個極大的挑戰。牠幾乎把自己的十八般武藝全都用上了，但是還是沒有任何作用，只將自己弄得頭破血流。

在牠的生活中充滿了歡樂，同時也充滿了艱辛，有幾次災難突然而至，但是這次幾乎是最困難的一次了，因爲牠已經消耗了很多體力，現在牠已經比較虛弱了，但是離自由還很遠。牠能聽見孩子們掙扎的聲音，有時傳來的是拖得長長的、悲哀的求救聲音。

牠們躲過了無數敵人，但是卻無法擺脫饑餓帶來的痛苦。當夜幕降臨時，牠們因爲饑餓和無用的掙扎已經疲憊不堪，在絕望中牠們變得異常安靜了。剛開始的時候，牠們害怕狐狸會出現，發現牠們被困在這裡，會對牠們爲所欲爲，但是當到了第二個晚上的時候，牠們不再害怕了，甚至希望狐狸出現，打破外面的雪層，這樣至少給了牠們一個爲生命而戰的機會。

但是當狐狸眞的從雪堆邊走過的時候，牠們在心底深處對生活的渴望又重新燃起，全都靜靜地沒有發出一絲聲音，直到牠走過。

第二天還是一場強勁的暴風雪。北風像一匹白色的野馬，嘶吼著飛馳在雪白的大地上，抖動牠們雪白的鬃毛，所到之處濺起更多的雪花。夾雜著小顆粒的雪花似乎將白雪皚皚的大地變薄了，儘管從晚上就已就開始下雪，但是已經越下越小了。紅領一直在啄著冰層，已經一整天了，直到牠開始頭疼，喙已經鈍了，當太陽再次落下時，牠似乎看見希望又一次地消失了。

晚上仍是一如既往，除了沒有狐狸從牠們頭頂走過之外。到了早晨，儘管現在已經沒有多少力氣，而且再也沒有聽到其他鶴鶉的求救或者掙扎的聲音，但是牠仍鍥而不舍地用牠的喙啄著冰層。因爲日光照射強了一些，牠可以看見牠的成果了，在牠頭頂上方的冰層上已經有了一個小亮點，牠繼續啄著。在外面，雪層變的更薄了，到了下午，牠的喙已經露出來了。這簡直就

像獲得新生一樣，牠繼續啄著，在太陽落山之前，牠已經打了一個洞，牠的頭、頸和牠曾經漂亮無比的頸毛可以過去了。但是因為牠的肩膀非常寬，所以牠只能向下敲打，幾乎使了四倍的力量；冰層終於裂開了，眨眼之間，牠從冰窖中鑽了出來，再一次獲得了自由。

孩子們怎麼樣了？紅領飛到了最近的岸邊，匆忙的找到了幾個紅色的薔薇果裏腹，然後回到了雪堆，咯咯的叫著、找著。牠只聽到了一聲答覆，極弱小的聲音，就開始用牠鋒利的爪子刨了起來，那裡的冰層比較薄，不一會兒，牠就把冰層打破了，灰尾從洞中爬了出來。但是就只有牠一隻；其他的孩子呢？牠們分散在不同的地方，不知道具體位置，也沒有回應牠，沒有任何生命的跡象，牠只能強迫自己離開了。到了春天冰雪消融的時候，人們發現了牠們的屍體，皮膚、骨頭還有羽毛——沒有其他東西了。

紅領和灰尾經過很長一段時間才徹底恢復過來，充足的食物和休息是最好的萬能藥，在冬至時分，一個明媚、萬里無雲的天氣裡，精神煥發的紅領又開始在木頭上擊鼓。是這鼓聲，或者是牠們在雪地上留下的痕跡把牠們的行蹤洩露給了卡迪呢？卡迪領著狗，帶著槍又爬上了峽谷，就是爲了要捕住這隻鷓鴣。他們已經知道牠很久了，同時牠現在也非常瞭解他們。這個偉大的紅領鷓鴣現在是聞名整個峽谷了。在獵手之月，許多人都想結束牠光輝的一生，就像一個人想透過燒掉世界遺跡來使自己聲名遠播似的。但是紅領精通森林生存知識，知道該在什麼地方藏身，知道什麼時候應該不出聲地起飛，什麼時候應該蹲在高處，然後在一碼距離之內以迅雷不及掩耳之勢飛起，立刻藏在一棵大樹幹的後面，然後再飛走。

但是卡迪從沒有停止追蹤過紅領；他曾經在遠距離射擊過牠，但是中間總會出現一棵樹、一塊岩石，或者其他可以躲避的東西，紅領依然活著，而且活得很好，還依舊在擊鼓。

到了雪之月的時候，牠和灰尾搬到了弗蘭克城堡的森林，在那裡，食物就像古老的樹木一樣豐富。在東面坡上的鐵杉樹中間有一棵大松樹，幾乎有六英尺高，牠的第一根樹枝就幾乎是其他樹的樹頂了。在夏日裡面，這棵樹的樹頂可以說是藍鳥和牠新婚妻子最喜愛的度假之所了。這個高度在槍的射程之外，在溫暖的春天，鳥兒可以在牠的伴侶面前又唱又跳，展示牠漂亮的藍色羽毛，柔聲地唱出最甜美的歌聲。仙樂飄飄，如此的甜美，如此的溫柔，沒有幾個人可以聽見，除了眞正懂得它的意思的人，這些事情在書本中根本就沒有提及過。

這棵大松樹引起了紅領強烈的興趣，現在牠和牠唯一的孩子就住在附近，吸引牠的是它的樹基，而不是高高的頂端。周圍的一切事物都低低的，爬行的毒芹，還有在牠們周圍的葡萄藤和鹿蹄草，從下面的雪可以挖出甜甜的黑橡樹果。沒有更好的尋找食物的地方了，而且如果那些貪得無厭的獵人來到這裡，牠們可以穿過毒芹跑到大松樹那裡，然後再飛起來，這些大樹幹正好和該死的槍在一條直線上，所以牠們起飛是絕對安全的。在法定的狩獵季節裡，這棵大松樹已經無數次地救了牠們的性命了。

但是還有一個卡迪，他知道牠們尋找食物的習慣，所以他設置了一個新的陷阱。他潛行到河岸下面，埋伏起來，這個時候他的同夥在附近轉來轉去，把鳥趕出來。他踩過低矮的灌木叢，這裡是紅領和灰尾覓食的地方，很早以前，這個獵手就曾經到過離紅領非常近的地方。紅領發出了一聲低低的警告：危險！快速地朝大松樹跑去，以防牠們不得不起飛。

灰尾離上山還有一段距離，突然看見附近有一個新的敵人，而黃狗正朝自己走來。紅領離得比較遠，根本沒有看見，灰尾一下子緊張了起來，不知道該如何是好。

起飛！起飛！牠叫著飛向山下。這邊，藏起來！紅領用比較冷靜的聲音

叫喊著，因爲牠看見一個拿著槍的獵人已經到了附近。牠找到一棵大樹幹，站在後面，牠焦急的對著灰尾叫道：這邊！這邊！牠聽到在牠前面的河岸下面有一絲響動，於是牠知道那裡有埋伏。這時傳來了灰尾的哭喊聲，因爲狗正在追趕牠，牠飛了起來，越過後面的樹幹，遠離獵人，但是正好落入了藏在河岸下面的人的火力範圍之內。

牠逐漸升高，這個漂亮的、靈敏的、高貴的小生命啊！砰的一聲，牠落了下來——被狠狠地擊中，淌著血墜落，牠沒有了呼吸，落在雪地上的是一堆血肉模糊的屍體。

對紅領來說，這是個危險的地方。牠不可能再高高地飛起，所以牠蹲得低低的。狗就在離牠十英尺遠的地方，那個陌生人向卡迪走去，從離牠五英尺的地方走了過去，但是牠沒有動，牠等待機會溜到大樹幹後面。然後牠安全地飛了起來，飛到了泰勒山的孤獨峽谷中。

日復一日，這些可恨的槍聲帶走了牠身邊一個又一個最親近的親人，到了現在，牠是獨自一人了。雪之月伴隨著很多次的死裡逃生，慢慢地過去了，紅領成爲迄今爲止，牠同類中唯一的倖存者，當然牠每天過的生活就是追逐、逃脫，逐漸變的越來越困惑了。

最終，人們似乎意識到用槍在牠的屁股後面追趕簡直就是在浪費時間，所以當雪最深、食物最稀少的時候，卡迪設計了一個新的計畫。就是在暴風雪之月這個絕佳的時間裡，在紅領覓食的地方設下了一系列的陷阱。棉尾兔——紅領的老朋友——用牠鋒利的牙齒咬斷了幾個，但是還有幾個依然存在著，紅領在注視遠遠飛來的一個黑點，後來證明是一隻老鷹的時候，正好落進了其中一個陷阱裡，立刻猛的刹住。

難道野生動物就沒有道德或者法律權利嗎？人類有什麼權利可以在同樣的生命身上加諸如此多的苦痛呢？僅僅只因爲那些生命無法開口說話嗎？那

一整天，可憐的紅領都被掛在上面，不停的搧動牠強而有力的翅膀，無助地掙扎著，希望能夠獲得自由。一天一夜過去了，在飽受折磨以後，牠現在只希望自己快快死去。但是一直沒有人出現。從早晨開始，時間慢慢地過去，牠一直掛在那裡，慢慢地死去；現在對牠來說，牠非凡的力量變成了一種折磨。第二天夜裡，牠只緩緩地移動了一下，時間隨著黑夜在流逝著，這時飛來一隻貓頭鷹，幹了一件好事，幫牠結束了這種痛苦。

風從北方颳過整個峽谷。雪馬急速地奔馳著，穿過冰面，穿過德昂平原，穿過沼澤，來到了湖面。本來應該是白雪覆蓋的湖面，現在卻到處都是黑色，那是鵪鶉破碎的頸毛——聞名的彩虹一樣的頸毛就這樣飄落在湖面上。那個夜裡，它們在風中飄舞、飄舞，向南方飄去，飄到了湖面上，就像牠瘋狂之月的飛行那樣。它們飄舞著直到被吞沒，這是牠在德昂峽谷中留下的最後痕跡。

現在弗蘭克城堡再也沒有聽到過關於鶺鴒的傳說了——在泥之河峽谷的那棵老松樹，也就是紅領經常在那裡擊鼓的地方，再也沒有被使用過。不知道在什麼時候，已經腐爛枯死了。

國家圖書館出版品預行編目資料

動物記——我眼中的野生動物（Wild Animals I Have Known）／歐尼斯特·湯普森·塞頓（Ernest Thompson Seton）著／徐進 譯；
——初版.——臺中市：晨星，2004〔民93〕
面；　公分.——（自然公園；64）

ISBN 957-455-724-3(平裝)

383.7　　　　93013697

自然公園 64

動物記——我眼中的野生動物

作者　歐尼斯特·湯普森·塞頓
翻譯　徐　進
總編輯　林 美 蘭
文字編輯　楊 嘉 殷
美術編輯　李 靜 姿
發行人　陳 銘 民
發行所　晨星出版有限公司
台中市407工業區30路1號
TEL:(04)23595820　FAX:(04)23597123
E-mail:service@morningstar.com.tw
http://www.morningstar.com.tw
行政院新聞局局版台業字第2500號
法律顧問　甘 龍 強 律師
製作　知文企業（股）公司　TEL:(04)23581803
初版　西元2004年09月30日
總經銷　知己圖書股份有限公司
郵政劃撥：15060393
〈台北公司〉台北市106羅斯福路二段79號4F之9
TEL:(02)23672044　FAX:(02)23635741
〈台中公司〉台中市407工業區30路1號
TEL:(04)23595819　FAX:(04)23597123

定價 250 元
（缺頁或破損的書，請寄回更換）
ISBN 957-455-724-3
Published by Morning Star Publishing Inc.
Printed in Taiwan

◆讀者回函卡◆

讀者資料：

姓名：________________ 性別：☐ 男 ☐ 女

生日：　／　／　 身分證字號：________________

地址：☐☐☐________________________________

聯絡電話：　　　　（公司）　　　　（家中）

E-mail ________________________________

職業：☐ 學生 ☐ 教師 ☐ 內勤職員 ☐ 家庭主婦
☐ SOHO族 ☐ 企業主管 ☐ 服務業 ☐ 製造業
☐ 醫藥護理 ☐ 軍警 ☐ 資訊業 ☐ 銷售業務
☐ 其他________________

購買書名：動物記——我眼中的野生動物

您從哪裡得知本書： ☐ 書店 ☐ 報紙廣告 ☐ 雜誌廣告 ☐ 親友介紹
☐ 海報 ☐ 廣播 ☐ 其他：________________

您對本書評價：（請填代號 1. 非常滿意 2. 滿意 3. 尚可 4. 再改進）

封面設計________版面編排________內容________文／譯筆________

您的閱讀嗜好：

☐ 哲學 ☐ 心理學 ☐ 宗教 ☐ 自然生態 ☐ 流行趨勢 ☐ 醫療保健
☐ 財經企管 ☐ 史地 ☐ 傳記 ☐ 文學 ☐ 散文 ☐ 原住民
☐ 小說 ☐ 親子叢書 ☐ 休閒旅遊 ☐ 其他________________

信用卡訂購單（要購書的讀者請填以下資料）

書　名	數量	金額	書　名	數量	金額

☐VISA ☐JCB ☐萬事達卡 ☐運通卡 ☐聯合信用卡

- 卡號：________________ ●信用卡有效期限：______年______月
- 訂購總金額：____________元 ●身分證字號：________________
- 持卡人簽名：________________（與信用卡簽名同）
- 訂購日期：______年______月______日

填妥本單請直接郵寄回本社或傳真(04)23597123

請填妥後對折裝訂，直接投郵即可，免貼郵票。

廣告回函
台灣中區郵政管理局
登記證第267號
免貼郵票

407

台中市工業區30路1號

晨星出版有限公司

請沿虛線摺下裝訂，謝謝！

更方便的購書方式：

(1) **信用卡訂閱**　填妥「信用卡訂購單」，傳眞至本公司。

或　填妥「信用卡訂購單」，郵寄至本公司。

(2) **郵政劃撥**　帳戶：知己圖書股份有限公司　帳號：15060393

在通信欄中塡明叢書編號、書名、定價及總金額即可。

(3) **通　　信**　填妥訂購人資料，連同支票寄回。

◉ 如需更詳細的書目，可來電或來函索取。

◉ 購買單本以上9折優待，5本以上85折優待，10本以上8折優待。

◉ 訂購3本以下如需掛號請另付掛號費30元。

◉ 服務專線：(04)23595819-231　FAX：(04)23597123

E-mail:itmt@morningstar.com.tw